数学は世界をこう見る
数と空間への現代的なアプローチ

小島寛之
Kojima Hiroyuki

PHP新書

まえがき

数学者のメガネをかけて、世界を見てみよう

　この本の特徴は、ざっくり言えば、次の二つだ。
* 　数学が世界を見る、その独特の見方を体験できる。
* 　中学生の数学だけで、現代数学のキモを理解できる。

だから、高校のとき文系だった社会人にも読めるし、高校生や大学生の諸君にも理解できるはず。

　多くの人は、数学に対して、「規則でがんじがらめの、ただただメンドクサイだけの教科」というイメージを持っておられるだろう。確かに、教科書で教わる数学にはそういう面が否めない。それは、「規則・作法をいかに的確に覚えて使えるか」という能力によって子供を峻別する「教育」の目的からは仕方ないことではある。

　一方、数学というのは、人類が二千年以上にもわたって構築してきた、この世界を認識するための技術だ。したがって、ホンモノの数学は、イメージ豊かで深遠で夢のある分野なのである。このことは、

数学者が世界を見つめるその見方を知ると納得できると思う。数学者が生み出す数学は、新しい見方・奇抜な見方に満ちている。

　本書では、規則・作法としての数学を極力避けて、「世界を見つめるメガネ」としての数学を解説することを試みる。そして、その「メガネ」を獲得した読者は、副産物として、中・高で習った数学を別の方角から理解し直すことができるだろう。

　どの章も中学生の数学から出発する（一部、高校数学を扱うが、それも中学の知識で理解できるように解説している）。正負の数、約数・倍数、素数、分数、文字式、因数分解、多項式、1次関数、1次不等式などだれもが馴染みのあるアイテムである。これらが何であるかは最初に解説するが、その説明は教科書とは一風変わったものとなっている。なぜなら、本書では、規則・作法を訓練することをせず、むしろ、これらの概念の背後にどんな思想や哲学が隠れているかを掘り起こす作業を行うからだ。そして、その掘り起こしをバネに、現代の先端数学へと一足跳びにジャンプするのである。つまり、

中学数学 → （ジャンプ） → 現代数学

ということ。こう聞くと、読者は「そんなバカな」

と言うだろう。中学数学だけで最先端の数学が解説できるわけないと。しかし、ちっともウソはついていない。その本質を中学数学だけで浮き彫りにできるような現代数学のアイテムもちゃんと存在するのだ。実際、本書では、イデアル、有限体、ホモロジー群、位相空間、スキームといった現代数学のアイテムを解説している。きっと読者は、これらの専門用語が初耳に違いない。それもそのはず、これらは、数学科に所属しなければ理系の大学生であっても習わない類いのものである。目次を見てひるむ人もいるかもしれないが、大丈夫。本書は中学数学だけを前提知識とするし、面倒な計算やわかりにくい証明には極力踏み込まないで、ほとんど具体例だけで解説する手法をとっているからだ。

　普通、現代数学の多くのアイテムは、少なくとも高校数学を（できれば大学数学も）まるまる知っていないと理解できない。とりわけ、微積分と行列の知識は必須である。だから、多くの人にとって、現代数学は縁遠い存在になってしまう。しかし、本書で紹介するアイテムに限っては、それらを知らなくとも理解可能なのである。いや、むしろこう言ったほうが正確だろう。**中学数学だけから理解できるアイテム**だからこそ、**世界を見る見方として、より本質的で思想的で哲学的なのだ**、と。これらのアイテ

ムは、図形の形を捉えるための代数計算であったり、空間でないものを空間に仕立てる発想であったりする。そういう、空想力・創造力に富んだものの見方だから読者は、数学者たちが普通の人々とは異なる視界や発想や認識をもっていることを、長い準備を強いられることなく、直接的な形で実感できるだろう。そして、人類が備え持っている底知れぬ認識の力に、畏敬の念を抱くことができるだろう。

　世界の見方が変わることは、とても楽しいことだと思う。子供から大人になったとき、恋をしたとき、美味なる料理を初めて食べたとき、世界の見え方はそれまでと違ったものになる。これは、数学の知識においてもまったく同じなのだ。世界の見方が変わることは、暮らしが豊かになることであり、人生に深みが加わることであり、生き方が前向きになることにほかならない。

　本書によって、数学の思想的な側面、哲学的な側面が理解され、読者の世界観が大きく広がることを願っている。

『数学は世界をこう見る』目次

まえがき　3

第1章　素数の見方

整数の世界	11
約数・倍数、そして素数	15
素数の魅力	17
整数論の基本定理	18
素数の見つけ方	19
素数からイデアルへ	22
素数を図形的に捉える	24
素数とイデアルのもう一つの関係	27
いろんな世界に素数デビュー	30

第2章　「同じとみなす」ことで数世界を広げる

分数は「同一視」で作られる	31
周期的に同一視する	36
有限の代数	38
有限体と素数の親密さ	42

第3章　図形の「形」を解く計算

| 文字式の計算 | 48 |
| 足し算だけの世界 | 50 |

正方形を貼り合わせて立体を作る	51
点の同一視	53
ホモロジー群を定義しよう	57
0次元ホモロジー群が意味すること	59
図形のなかの「輪」を式にしよう	61
'へり'をゼロとみなす	65
1次元ホモロジー群を計算してみる	68
ドーナツ上には輪が何通りあるか？	70
射影平面の輪はどんな輪？	75
図形の変形で保たれる量	77

第4章　「関係性」を代数で捉える

「関数」から「写像」へ	81
「写像」は縁結び	83
写像はつなぐことができる	87
元に戻す写像	89
群という代数構造	91
群は何の役にたつのか	95

第5章　方程式を対称性から見る

2次方程式と解	97
解の公式の歴史は古い	98
2次方程式の解き方	100
特殊な解の2次方程式	102
解の公式を導く	104

2次方程式はなぜ解けるのか？	106
3乗根は三つある	111
3次方程式のチルンハウス変形	113
3次方程式にも判別式がある	115
3次方程式の解の公式はこれだ	116
解の公式のからくりは？	117
方程式と対称性	123

第6章　整数と多項式は同じ

多項式の加減乗除	125
多項式の割り算	127
多項式と整数は類似している	132
バシェの定理	134
abc予想	137
数は、発見されるのではなく発明される	139
イデアルを使ったグループ分け	140
3元体を創る	143
整合性のチェック	146
$\sqrt{2}$を創る	147
どんな代数方程式にも解がある	151

第7章　図形のなかの"素数"

1変数多項式の零点は点集合	153
点集合から多項式を再現する	156
イデアル三たび登場	158

めいっぱい飽和した連立方程式 ………………………… 161
イデアルのほうから出発すると？ ………………………… 164
方程式で図形を描く ………………………………………… 166
2変数多項式で作られる代数的集合 ……………………… 170
図形から方程式に戻る ……………………………………… 172
1点から作られるイデアルは特殊 ………………………… 175
極大イデアルは1点からできる …………………………… 178
ばらける図形・ばらけない図形 …………………………… 180

第8章　空間でないものを空間とみなす

図形を点の集合と見る ……………………………………… 186
開区間と閉区間 ……………………………………………… 187
「周辺」を数学化する ……………………………………… 188
図形の内部・外部・境界を定義する ……………………… 190
位相とは何だ？ ……………………………………………… 194
「つながっている」「ちぎれている」…………………… 197
開球を一般化した開集合 …………………………………… 201
開集合の性質 ………………………………………………… 203
図形を位相空間に仕立てる ………………………………… 206
連続写像を一般に定義する ………………………………… 210
素数を空間化させる ………………………………………… 212

参考文献　218
あとがき　219
索　　引　221

第1章
素数の見方

　数学者の独特の数世界の見つめ方を紹介する上で、最初に取り上げたいのは「整数」、とりわけ、「素数」である。これらは中学1年で習う事項だが、現代数学においてもいまだに研究対象である。それは、整数や素数には、数学者に解明できていないたくさんのナゾがあるからである。つまり、整数や素数には、尽きせぬ魅力があり、数学者をとりこにしているのである。本章では、整数と素数の基本を紹介した上で、素数の現代的な見方である「イデアル」というアイテムを紹介したい。

◆整数の世界
　「**整数**」は、中学生になって初めて習う数。小学校で習う数から進歩しているのは、整数が「**負の数**」を含むことである。小学校で習う整数は、自然数

　　　　1, 2, 3, …

それに、ゼロを加えた、

　　　　0, 1, 2, 3, …

であるが、中学ではそれに負の整数、

$$-1, -2, -3, \cdots$$

を付け加えるのである。

　負の数は、もっとも身近な例では気温における「氷点下」の指標に現れる。たとえば、マイナス10℃のように。しかし、これは単に、水が凍る温度をゼロとして、それを基点とし、それより低い温度をマイナスとしているだけのものだ。これは数学では「順序」と呼ばれる考え方であるが、代数を展開するには、順序の考え方だけでは力不足である。

　数学における負数の一番の役割とは、「足してゼロを作る」ということである。つまり、「足す」という「代数操作」の上で、負数を捉えるのが大事なのだ。たとえば、「3に足してゼロになる数」のことを(-3)とするのである。すなわち、

$$3 + (-3) = 0$$

ということ。日常生活のなかで似たものを探せば、「酸にアルカリを混ぜて中和する」という操作を挙げることができよう。経済活動のなかで似たものを探すなら、「借金」であろう。たとえば上の式は、「3万円の借金があるところに3万円の収入があれば、チャラになる」と解釈できる。このように、「プラスa」と「マイナスa」は互いに「反対の数」どうしである。

　「足してゼロを作る」のがどうして大事かというと、ゼロというのが特別な数だからだ。ゼロはどの整数に加えても、その数を変化させることはない。式で書け

ば、

$$0 + a = a$$

ということ。ゼロは、このように影響を与えない「透明な数」なのである。

ここで、整数を全部列挙して、それを「集合」の記号で書いておくことにしよう。

数や数学的な対象を集めた集まりのことを一般に**「集合」**と呼ぶ。集合は、{ } でくくることによって表記される。この書き方では、「**整数の集合**」は、次のようになる。

$$\mathbb{Z} = \{\cdots -3, -2, -1, 0, 1, 2, 3, \cdots\}$$

このように、整数の集合は、伝統的に $\mathbb{Z}$ という記号で表記される。ドイツ語で数を意味する言葉 (Zahlen) が $\mathbb{Z}$ から始まるからだ。今は、数学の中心地はアメリカだが、このことは、かつてドイツが数学の中心地だった時代があったことを教えてくれる。

整数の集合 $\mathbb{Z}$ の特徴は次のようにまとめることができる。

―〈整数の集合 $\mathbb{Z}$ の特徴〉―
(1) 足し算、引き算、掛け算に閉じている（すなわち、計算結果が整数になる）。
(2) 足し算にとって特別な数、0 を含み、足し算で 0 を作るための負数を含む。
(3) 掛け算にとって特別な数 1 を含んでいる。

(1)(2)(3)にはあえて書かなかったが、足し算や掛

け算が交換法則を備えた計算であること、すなわち、

$$a + b = b + a \text{ および } ab = ba$$

が成り立つ計算であることは前提としている。これは、「計算が順番を入れ替えても同じ結果になること」を表す。また、それらが結合法則を備えていること、

$$a + (b + c) = (a + b) + c \text{ および } a(bc) = (ab)c$$

も前提だ。これは、「一列の計算をどこからやっても結果が変わらないこと」を表す。さらには、もう一つの法則として、分配法則、

$$a(b + c) = ab + ac$$

も前提とされている。これは、「2数を足したものにある数を掛けることは、先にある数を掛けておいてから足すのと同じであること」を意味する法則。これらの法則は、小学生のときから自然なことと思っているので、ふつうはとりたてて意識しない。本書でもこれ以降、この三つの計算法則については、いちいち言及しないこととする。

「閉じている」という言葉は、「計算結果が同じ集合に含まれている」ということを意味している。つまり、「整数どうしの足し算、引き算、掛け算の結果はやっぱり整数になる」ということだ。自然数（1, 2, 3, …）も足し算と掛け算に関しては閉じているが、引き算には閉じていない。たとえば、引き算1－3の結果（－2）は自然数ではない。自然数の集合を膨らませて引き算について閉じているようにするには、最小限でも整数の集合にまで広げる必要がある。

数1が特別だ、というのは、
　　　$1 \times x = x$
すなわち、「何に掛けても相手を変えない」が成り立つことである。

　ここで、整数が「割り算に関しては閉じていない」ということに注意する必要がある。整数どうしの割り算の答えは整数の場合もあるし、整数のなかには存在しない場合もある。たとえば、整数どうしの割り算8÷3は整数にはならない。だから、割り算の結果が整数になる場合、すなわち、約数・倍数が興味の対象になる。これは次節で語ろう。

　ちなみに、数学では、上記の(1)〜(3)(それと、足し算・掛け算についての交換、結合、分配の3法則)を備えた集合が、整数の集合$\mathbb{Z}$のほかにもいろいろ発見された。この構造をもつ集合のことを現代数学では「**可換環**(かかんかん)」と呼ぶ。整数は可換環の代表的なものだが、ほかにもいろいろある。この可換環こそが、実は、本書の陰の主役の一つであることはおいおいわかってくるだろう。

◆約数・倍数、そして素数

　前節で説明したように、整数は割り算について閉じていない。したがって、整数÷整数は、整数のなかに答えがあったりなかったりする。整数bを整数aで割った答えが整数になるとき、bは「aの**倍数**」と呼ばれ、aは「bの**約数**」と呼ばれることは、だれもが知

っていることだろう。

　約数・倍数が人間社会で興味の対象となったのは、「等分する」ということがときとして重要だったからに違いない。たとえば、12個の果物は、2人でも3人でも4人でも6人でも同じ個数ずつ分け合えるが、11個の場合には、11人でしか等分ができない。11の1以外の約数は11しかないからだ。1日を24時間と決めたり、ぐるっと一周を360度と決めたりしたのは、24や360がたくさんの約数をもっていてなにかと便利だからにほかならないだろう。

　ちなみに、数学においては、約数・倍数の定義には負数も含まれる。たとえば、12の約数は、

　　12, 6, 4, 3, 2, 1, $-1, -2, -3, -4, -6, -12$

の12個となる。

　約数・倍数という観点から見るとき、1と(-1)は特別な整数である。それは、これらが「すべての整数の共通の約数」だからだ。数学では、このような「すべての数の共通の約数」のことを「**単数**」と呼ぶ。「単数である」ことは、「1の約数である」ことと同じである。ここで、読者は、なぜわざわざ「単数」などという新しい呼び名をつけるのか疑問に思うだろう。± 1でいいではないかと。整数の集合$\mathbb{Z}$だけ扱うなら、もちろんその通り。しかし、前節で述べたように、整数と同じ代数的構造をもつ可換環はほかにたくさんある。だから、単数という概念を定義しておくのは好都合なのだ。

どんな整数 x も、必ず、単数（±1）と自分自身 x とその（−1）倍である（−x）の4個を約数にもっている。これを「**自明な約数**」と呼ぶ。
「自明な約数」以外に約数をもたない2以上の整数を「**素数**」と呼ぶ。前に述べた「等分」の見方をするなら、「1個ずつで等分するしか方法がない数」のことである。もっとざっくり言うなら、素数とは、「単数を使わない掛け算ではこれ以上分解できないような最小単位」ということになろう。素数を小さい順に列挙してみると、

$$2, 3, 5, 7, 11, 13, 17, 19, 23, 29, 31, \cdots$$

となっている。2以外がすべて奇数なのは当然だが、しばらく眺めればわかるように、素数は非常に不規則に現れる。実際、素数だけがピックアップされるような簡単な規則や式は現在のところ発見されていない。素数かどうかをチェックするには、基本的には、小さい数から順に割ってみて（自分自身でない）2以上の約数があるかどうかを判定するしかない。これは、大きな数に対しては、コンピューターでさえ膨大な時間のかかる作業である。

◆素数の魅力

素数は、いにしえから、数学者たちを魅了してきた。それは、不規則に現れながらも、そこそこの法則性がみつかるからである。たとえば、素数が途中でなくならず、無限に存在することが、紀元前のギリシャ

時代からわかっていた。このことは、後の節で説明する。

また、「p を素数とし、n を任意の自然数とするなら、$n^p - n$ が必ず p の倍数となる」ことが17世紀の数学者フェルマーによって証明されている。あるいは、「自然数 n に対して、n 以上 $2n$ 以下に必ず素数が存在する」ことが、19世紀の数学者チェビシェフによって証明されている。

正しいと予想されているが証明されていない法則もある。

たとえば、3と5、11と13、29と31などのように2離れた素数の組を「**双子素数**」と呼ぶ。双子素数が無限組存在することが古くから予想されているが、いまだに証明されていない。21世紀になって、この予想に進展が見られた。それは、差が600以下の素数の組が無限組存在することが2013年に証明されたのである。差が2と差が600では雲泥の差と思うかもしれないが、数学的には大きな進展である。600にあたる数値をどんどん小さくしていくことに成功すれば、やがて2にたどりつくかもしれない。

◆整数論の基本定理

素数が重要なのは、次の性質が成り立つからである。

> ─〈整数論の基本定理〉─
> すべての整数は、必ず素数と単数だけの積で表すことができる。しかも、単数を無視した素数の積の部分は1通りに決まる。

これを、「整数論の基本定理」と呼ぶ。たとえば、-12 は、

$$-12 = (-1) \times 2 \times 2 \times 3$$

とか

$$(-1) \times (-1) \times (-1) \times 2 \times 2 \times 3$$

などのように掛け算で表される。掛け算の表現自体はこのように何通りもあるが、単数を除いた素数の積の部分、$2 \times 2 \times 3$、は一意的になる。この定理からわかるように、原子が結合によって物質を構成する最小単位となるのと同じく、素数は整数を掛け算で構成する最小単位となるというわけだ。

この定理は、整数を分析する基本定理となるが、厳密な証明(とりわけ、一意性の部分の証明)をするのは意外に骨が折れる(しかも、おもしろくない)作業となるので、本書では省略する。

◆素数の見つけ方

素数が無限にあることは、紀元前のギリシャの数学者ユークリッドによってすでに証明されていた。その証明は、具体的に素数を得る方法も兼ね備えた優れた証明であった。

まず、素数2からスタートする。これに1を加えると次の素数3が得られる。さらに、得られた素数2と3を掛け算して1を加える。すなわち、$2 \times 3 + 1 = 7$。これは素数なので、3個目の素数が得られた。次に、これまでに得た三つの素数をすべて掛けて1を加える。$2 \times 3 \times 7 + 1 = 43$。これも素数なので4個目の素数が得られた。再び、これまで得ている素数をすべて掛けて1を加える。すなわち、$2 \times 3 \times 7 \times 43 + 1 = 1807$。これは残念ながら素数ではないが、この数の（単数でない）最小の正の約数13（$1807 = 13 \times 139$）が今までに得ていない5個目の素数を与えてくれる。次は得られた2, 3, 7, 43, 13を掛けて1を加えたものを使えばいい。

　実は、このプロセスで必ず新しい素数を得ることができる。なぜなら、この手順で1ステップ前までで得た素数を2, 3, 7, 43, 13, …, pとして、これらをすべて掛け合わせて1を加えた数をnとするなら、このnは、2で割っても、3で割っても、7で割っても、43で割っても……、pで割っても、必ず1余るので、1ステップ前までで得た2, 3, 7, 43, 13, …, pのどの素数の倍数にもならない。したがって、nの約数のなかには必ず新しい素数が含まれる。その一つを選んで、このステップでの素数とすればいい。

　上記の「新しい素数を得る方法」は、とてもわかりやすいが、残念ながらまったく実用的ではない。この計算はすぐに巨大な数となってしまい、その約数とな

る素数を見つけるのはコンピューターをもってしても実行不可能になるからだ。

新しい素数をコンピューターで見つける方法で、実際に利用されているのは、「**メルセンヌ素数**」と呼ばれる特別の素数を見つける技術である。ちなみにメルセンヌとは、16世紀から17世紀の神学者・数学者の名前である。

―〈メルセンヌ素数〉――――――――――――
メルセンヌ素数とは、2のn乗から1を引いた数、すなわち$2^n - 1$というタイプの素数。
―――――――――――――――――――――

最初のメルセンヌ素数は$2^2 - 1 = 3$で、2番目のメルセンヌ素数は$2^3 - 1 = 7$。この計算はいつも素数になるわけではない。たとえば、$2^4 - 1 = 15$は3を約数にもつので素数ではない。

$2^n - 1$というタイプの数が素数かどうかを知るには、比較的簡単なチェックの方法がわかっている。それはルカステストと呼ばれる方法で、手計算では困難だが、コンピューターには比較的適した計算である。とは言っても、一台のコンピューターでは無理で、たくさんのコンピューターをインターネットでつないで並行計算を実行して、初めて判定できる。この方法によって、現在、48個のメルセンヌ素数が発見されている（ウィキペディアなどを参照のこと）。現時点（2014年3月）で最新のものは、2013年の1月25日に発見されており、17425170ケタの数だそうだ。

ただし、メルセンヌ素数が無限に存在するかどうかは現在わかっていない。これは非常に難しい問題だと数学者たちは考えている。もしも、メルセンヌ素数が有限個しかなければ、この方法で素数を探すことは、いつか徒労な作業となってしまう。

◆**素数からイデアルへ**

　単なるモノの集まりにすぎない「集合」を、数学の対象として研究したのは、19世紀の数学者カントールとデデキントだった。彼らによって「**集合の理論**」が構築された。デデキントは、とりわけ、整数の集合について深い研究をした。約数・倍数も、集合として扱うと大きな発展性をもつことに気がついたのは、デデキントであった。数学は、あんがい簡単な着想から新しい視界が開けるものなのである。

　たとえば、2の倍数（偶数）の集合は、

$$\{\cdots, -4, -2, 0, 2, 4, 6, \cdots\}$$

だが、これは次のような性質をもっている。

---〈2の倍数の集合がもつ性質〉---
(1) この集合に属するどの2数の和も差も、この集合に属している。
(2) この集合に属するどの数に対して、任意の整数を掛け算しても、やはりこの集合に属している。

---

　(1)は、(偶数)＋(偶数)がいつも(偶数)であり、

（偶数）−（偶数）もいつも（偶数）であることを表している。(2)は、（偶数）×（整数）が必ず（偶数）であることを表している。

実は、このことは2の倍数に限らず、どの整数の倍数の集合にも成り立つことだ。つまり、nの倍数の集合をIと記すなら、次の二つの性質が成り立つのである。

---〈整数nの倍数の集合Iがもつ性質〉---
(1) aとbがIに属するなら、$a+b$も$a-b$もIに属する。
(2) aがIに属するなら、任意の整数mに対して、積$m \times a$もIに属する。

この二つの性質をもつ集合Iのことを、特別に「**イデアル**」と呼ぶ。整数の集合$\mathbb{Z}$において、一つの整数nの倍数を全部集めた集合をIとすれば、Iは必ずイデアルになる。実は、その逆も成りたつ。すなわち、整数の集合$\mathbb{Z}$におけるイデアルは、「ある整数nに対して、その倍数の全体」というタイプの集合に限られるのである（あとの章133ページで証明しよう）。

つまり、整数においては、イデアルとは倍数の言い換えである。イデアルと倍数とは同じ概念なのである。だったら、イデアルなんて概念は不要じゃないか、と思う人がいてあたりまえだ。しかし、そうではない。前に言ったように、整数と同じ代数構造をもった代数系（可換環）はほかにもたくさんある。そのよ

うな別種の代数世界でイデアルを考えることは、倍数という概念をもっと広い世界に装備させることを意味する。そうすることは、数学的な視界を大きく広げることにつながるのである。

◆素数を図形的に捉える

「整数 n の倍数の全体」という形のイデアルを、n にカッコをつけて、(n)、と記す。たとえば、2の倍数全体から成るイデアルは、

$$(2) = \{\cdots, -4, -2, 0, 2, 4, 6, \cdots\}$$

である。整数の集合 $\mathbb{Z}$ においては、イデアルはこのような (n) というタイプに限ることは前節で述べた(証明は先送りしている)。ほかの可換環では、この形でないイデアルも存在する(たとえば176ページ)ので、この記法はちゃんと意義をもっている。

イデアル (n) のなかには、特殊なものが二つある。一つは「1の倍数全体」の作るイデアル。これは、言うまでもなく、整数全体である。すなわち、

$$(1) = \mathbb{Z}$$

もう一つは、0の倍数全体の成すイデアル。これは、0一個だけから成る集合 $\{0\}$ である。すなわち、

$$(0) = \{0\}$$

さて、イデアルという新しい見方を手に入れたのだから、これをあれこれいじってみたい。まず、イデアルどうしの「広さの関係」を比較してみよう。

たとえば、「4の倍数全体から成るイデアル」 = (4)

を考えよう。

(4) = {…−16, −12, −8, −4, 0, 4, 8, 12, 16…}

これは、内部に「8の倍数全体から成るイデアル」を包含している。つまり、上の集合から、一個おきに数を取り出して集合を作れば、

(8) = {…−16, −8, 0, 8, 16…}

ができるということ。このことを図示すると、図1-1のようになる。

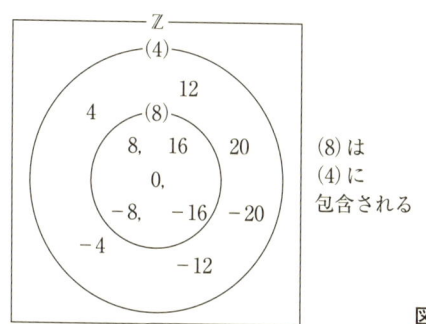

(8)は
(4)に
包含される

図1-1

つまり、イデアル(4)のお腹の中にイデアル(8)が入っている、ということである。このことを集合の記号では、

(8) ⊆ (4)

と記す。このように、集合の中に丸々含まれる集合のことを「部分集合」と呼ぶ。こういう包含関係は、8は4の倍数なので、8の倍数は自動的に4の倍数になるから生じる。つまり、

b が a の倍数 ⇔ イデアル (b) は

イデアル (a) の一部になる ⇔ $(b) \subseteq (a)$

ということである（図1-2）。

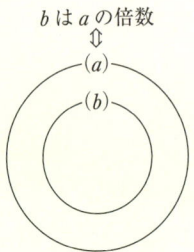

図1-2

ここで、4は2の倍数だから、さらに、

$(8) \subseteq (4) \subseteq (2)$

という、膨らんでいくイデアルの連鎖ができる。もっと膨らますことはできるだろうか。ここで、2が素数であることが利いてくる。(2) を真に包含するようなイデアルは、2の約数から作られるイデアルである。すなわち、1の倍数のイデアル＝整数全体 $\mathbb{Z}$ しかない。

$(8) \subseteq (4) \subseteq (2) \subseteq \mathbb{Z}$

イデアル (2) がそうであるように、$\mathbb{Z}$ でないイデアル I で、イデアル I を真に包含するイデアルが整数全体 $\mathbb{Z}$ しかないような（$\mathbb{Z}$ でない）イデアル I のことを「**極大イデアル**」という。極大とは、読んで字のごとく、「これ以上大きいものはない」という意味である。このことを図にすると、図1-3のようになる。

第1章 素数の見方

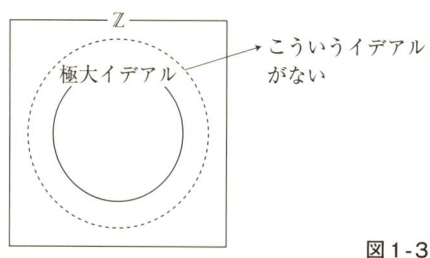

図1-3

イデアルの包含関係と約数・倍数関係が対応していることを理解すれば、極大イデアルとは素数の倍数から成るイデアルのみであることが発見できるだろう。つまり、

　　　イデアル(n)が極大イデアル $\Leftrightarrow$ nが素数

というわけなのだ。見方を変えるなら、「nがもうこれ以上細かい積に分解できない」ということと、「nの作るイデアルが極大になる」ということが同値だ、ということである。これは、「素数を図形化した見方」と言っていい。イデアルを通したこのような見方が、「素数の現代的な見方」なのである。

◆素数とイデアルのもう一つの関係

　素数をイデアルの面から見直すと、「極大イデアル」以外にもう一つの重要なイデアルが浮かび上がる。それが「**素イデアル**」である。

「**素イデアル**」とは、次の性質（☆）をもつ（$\mathbb{Z}$でない）イデアルIのことだ。

―〈素イデアルのもつ性質〉―
(☆) 整数の積 xy がイデアル I に含まれるなら、x か y の少なくとも一方は I に含まれる。

この性質を図形的にイメージするには、図 1 - 4 のようにするのが適切だろう。

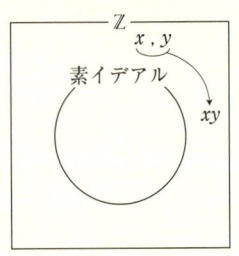

素イデアルでは、外側の 2 数の積が
中に入ってこられない　　　　　図 1 - 4

図に見るように、素イデアルとは、「外側でいくら掛け算をしても、イデアルの中に入る数ができない」ということだと理解できる。つまり、「外側が掛け算で閉じている」ということと同じである。これは極大イデアルの図示とはまた違った性質だとわかるだろう。

たとえば、3 の倍数のイデアル (3) は素イデアルとなる。なぜなら、積 xy がイデアル (3) に属するなら、xy は 3 の倍数になり、すると、xy の素因数分解には素数 3 が現れるはずだ。ならば、x か y か少なくとも

一方の素因数分解には素数3が現れていなければならない。すなわち、xかyかどちらかは3の倍数になる。よって、xかyか一方、または両方が、イデアル(3)に属しているとわかる。

これは、3が素数であることに由来する性質である。つまり、nが素数でありさえすれば、3以外でも(n)は素イデアルとなる。

しかし、素イデアルには例外的なものが存在する。それは0の倍数であるイデアル(0)である。積xyがイデアル(0)に属するなら、$xy = 0$である。0でない2数を掛けて0にすることはできないので、xかyの少なくとも一方は0であり、イデアル(0)に属する。よって、イデアル(0)は素イデアルである。実は0のもつこの性質は、高次方程式を解く重要な原理である。このことは、第5章で解説する。

他方、これら以外に素イデアルが存在しないことは簡単にわかる。たとえば、素数でない整数6の倍数のイデアル(6)は素イデアルにはならない。なぜなら、$x = 2, y = 3$とおくと、$xy = 6$はイデアル(6)に属すが、$x = 2$も$y = 3$もイデアル(6)には属していないからだ。

以上のことより、整数の集合$\mathbb{Z}$における素イデアルは、

$$(0), (2), (3), (5), (7), (11), \ldots$$

と「素数の倍数」または「0だけから成る集合」だとわかる。つまり、極大イデアルとの違いは、(0)のみだ

とわかった。これは整数という可換環の特有の性質であり、一般の可換環では、極大イデアルと素イデアルはかなり異なるものとなることがあとでわかる。

◆いろんな世界に素数デビュー

以上のように、素数を極大イデアルや素イデアルで捉えることで、素数の概念を抽象化することができた。このような抽象化によって、一見、整数とは無関係に見える数学の世界に、「素数の対応物」をデビューさせることが可能となるのである。このような「概念の抽象化」によって、数学はその世界観を広げていくのだ（イデアルについての詳しい説明は [1] の付録を参照のこと）。

このことは、次章以降で詳しく解説していくこととしよう。

第2章
「同じとみなす」ことで数世界を広げる

　第1章では、「素数」の現代的見方を紹介した。それを受けて、この第2章では、「分数」の現代的な見方を紹介しよう。

　分数は、小学生を困らせる難物である。それもそのはずで、分数の理解には「同じとみなす＝同一視」という数学固有の高度な作業が必要なのである。しかし、この「同一視」という見方になじむことができれば、数学を見る視界は大きく広がることになる。この第2章では、分数を題材にして「同一視」の概念をつかんでもらい、その上で、有限体という現代的な数世界を紹介することとしたい。

◆分数は「同一視」で作られる
　第1章では、整数が足し算・引き算・掛け算に閉じている（つまり、どの計算でも結果が整数となる）ことを話題にした。また、このような構造を一般に可換

環と呼ぶことも説明した。可換環は、非常に豊かな性質をもっていて、現代数学の主役の一つである。

ただ、整数には、「割り算には閉じていない」という不完全さがある。$a \div b$ とは、「b に掛けて a になる数」、つまり $a = b \times x$ を満たす x のことだが、a が b の倍数でない限り、そのような x は整数の世界には存在しない。

そこで、この不備を補うために人類が考案したのが、「**分数**」である。$a \div b$ の結果が整数に存在しない場合には、「新しい数」として導入してしまえばいい、ということだ。そのようにして導入されたのが $\frac{a}{b}$ と表記される「分数」なのだ。

分数は、古代のエジプトでもバビロニアでもすでに使われていた。エジプトでは $\frac{1}{b}$ というタイプの「単位分数」のみが記号化され、ほかの分数はすべて単位分数の和で表されていたとのことだ。たとえば、$2 \div 13$ を表す分数は、

$$\frac{1}{8} + \frac{1}{52} + \frac{1}{104}$$

と記されていた。なぜそうだったか、はっきりした理由は今でもわかっていない。バビロニアでは、60 のべき乗を基数とする 60 進法が使われており、たとえば、$\frac{1}{2}$ のことは $\frac{30}{60}$ と記録されたようである。一方、紀元前のギリシャでは、エジプトの単位分数表記を輸入して利用していたようだ。

分数記号を導入した場合、最初に重要になるのは、

第2章 「同じとみなす」ことで数世界を広げる

「どれとどれを同じとみなすか」を決めないとならない、ということである。

たとえば、1÷2と2÷4は同じものであってほしい。なぜなら、前者をx、後者をyとおくなら、それぞれ、

$$2 \times x = 1$$
$$4 \times y = 2$$

を満たすべき。そして、最初の式の両辺に2を掛けると$4 \times x = 2$となって、二番目と同じ形になるから、$x = y$でなければならない。そうなると、みかけの異なる二つの分数について、

$$\frac{1}{2} = \frac{2}{4}$$

という等式が成り立つべきである（図2-1）。

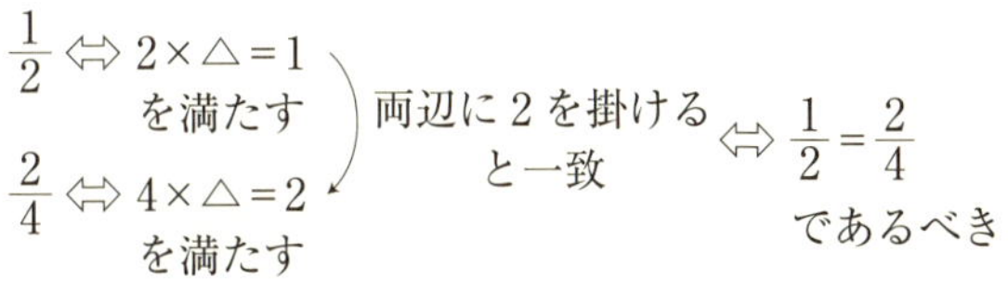

$\frac{1}{2} \Leftrightarrow 2 \times \triangle = 1$ を満たす
$\frac{2}{4} \Leftrightarrow 4 \times \triangle = 2$ を満たす
} 両辺に2を掛けると一致 $\Leftrightarrow \frac{1}{2} = \frac{2}{4}$ であるべき

図2-1

このように、みかけの異なる二つの数学的表現を「等しい」とみなすことを、数学では「**同一視**」という。このような「同一視」は、数学全般で頻繁に行われる重要な作業で、ある意味、数学の本質だと言えるのだ。

分数とは、二つの整数を上下に組み合わせて作られるものだが、その表現において二つの分数が「同一視」される条件は以下のようになる。

$$\frac{a}{b} = \frac{c}{d} \Leftrightarrow ad = bc$$

つまり、一方の分子と他方の分母を掛け算してできる二通りの整数が同じものであるとき、二つの分数は「同一視」されるのである。

　さて、二つの整数を上下に組み合わせて作った「分数」に、このような「同一視」を導入した上で、可換環としての性質を保持した数世界を「**有理数**」と呼ぶ。有理数の集合を数学記号では $\mathbb{Q}$ と記す。これは、「商」を意味する英語 Quotient の頭文字の Q をとったものだ。

　有理数を可換環と規定するなら、有理数の四則計算は自ずと決まってしまう。たとえば、

$$\frac{1}{2} + \frac{1}{3}$$

がいくつになるべきか、考えてみよう。和の前者を x、後者を y とおくと、定義から

$1 = 2 \times x$ …①

$1 = 3 \times y$ …②

が成り立つ。①の両辺を3倍、②の両辺を2倍すれば

$3 = 6 \times x$

$2 = 6 \times y$

となる。この操作の目的は、x と y に掛けてある数を

第2章 「同じとみなす」ことで数世界を広げる

同じ6にすることだ。ここで、第1章で解説した分配法則を使おう。この2式を左辺どうし、右辺どうし足し合わせると、
$$5 = 6 \times x + 6 \times y \quad \to \quad 5 = 6 \times (x+y)$$
となる。この式から、
$$x + y = \frac{5}{6}$$
となることがわかる。つまり、可換環の性質を保つなら、
$$\frac{1}{2} + \frac{1}{3} = \frac{5}{6}$$
とならなければならないのである（ちなみに、この分数の足し算を日常的な感覚から理解する方法は、図2-2に描いておくので、参考にしてほしい）。

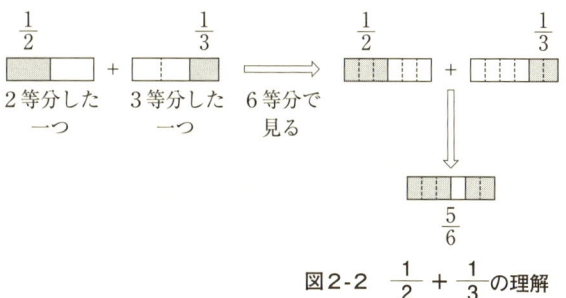

図2-2　$\dfrac{1}{2} + \dfrac{1}{3}$ の理解

　以上のような方法で、有理数どうしの和は完全に規定される。差、積、商も同じように決定されてしまう（たとえば分数の積は、①と②を辺々掛け算してみれば得られる）。

以上から、有理数が四則すべてに閉じている数世界だと判明する。言い方を変えるなら、有理数は四則計算ではもう世界が広がらない、ということだ。このように、可換環が割り算についても閉じている場合を「**体**」と呼ぶ。有理数は「体」の代表的なものだ。一般の可換環から体を作るには、今説明した「同一視」を同じように行えばいい。

◆周期的に同一視する

　「同じとみなす」ことを利用して数世界を広げる作業をもう一つ紹介しよう。それは、「**有限の代数世界**」を作ることである。これは、「曜日」と同じ考え方によって生み出されるのだ。

　私たちは、毎日毎日がそれぞれ違った日であるにもかかわらず、それを7種類に分類している。日曜日、月曜日、…、土曜日という分類である。たとえば、ある日を第1日目とし、それを日曜日とすると、第8日目、第15日目は日曜日になる。この三つの日付はまったく異なっているにもかかわらず、私たちはこれらを「同じとみなす」ことをしているわけだ。

　なぜ、このような作業をするのだろうか。

　それはたぶん、人間の生活というものに、ある種の周期性が取り込まれているからだろう。一番重要な周期は「7日ごとに休息する」ということ。これは聖書を発祥とする慣習のようだが、生物的にみても定期的な休息は大事だろうから意義あることだ。すると、定

第2章 「同じとみなす」ことで数世界を広げる

期的な休息日である日曜日を中心にして、生活のリズムが形成されるのは当然のことと言える。たとえば、月曜は「勉強や仕事のエンジンがかかりにくい」という特徴をもちやすいだろう。また、水曜や木曜は「集中力が途切れやすい」に違いない。このように、すべての日が7周期で同じ性質をもちやすいことは十分考えられる。これが曜日というものの存在根拠だろう。

「曜日」と同じアイデアで「整数を周期的に同一視する」ことによって、新しい数世界を作ることができる。以下、それを説明する。

代表例が「偶数」「奇数」だ。通常は2で割り切れるものを偶数、割り切れないものを奇数と呼ぶが、これは、0は偶数、1は奇数、2は偶数、3は奇数……という具合に2周期で整数を分類していることと同じである。

一般の分類でできる「種類」のことを数学では単に「**類**」と呼ぶ。xが属する類を$[x]$と記す。

日常的な例で無理矢理に説明するなら、こういうことだ。すなわち、動物を哺乳類、は虫類、鳥類などのように分類する場合、[サル]＝「哺乳類」、[ワニ]＝「は虫類」、[スズメ]＝「鳥類」、……のようになる。そして、同一の類は、[スズメ]＝[カラス]＝[ハト]のように等式で結ぶことができる。[スズメ]＝「鳥類」、[カラス]＝「鳥類」、[ハト]＝「鳥類」だからだ。

今の場合の類は、「偶数」と「奇数」の二つ。[0]＝「偶数」、[1]＝「奇数」、[2]＝「偶数」、……という具

合になっている。したがって、整数について次のような等式が成り立つ。

$$\cdots = [-4] = [-2] = [0] = [2] = [4] = [6] = \cdots$$
$$\cdots = [-3] = [-1] = [1] = [3] = [5] = [7] = \cdots$$

この等式を見れば、「偶数」「奇数」という類を作ることは、0, 2, 4, …という整数たちすべてを同一視し、1, 3, 5, …という整数たちすべてを同一視することだとわかるだろう。つまり、「偶数」「奇数」という分類は、「整数たちを2周期で同一視する」ことと同じことなのだ。

以下、日本語との混同を避けるため、「偶数」の類を [0] で代表し、「奇数」の類を [1] で代表させることにしよう。数学では一般に、同一視を行うときには、このようにいくつかの代表を決めて類を記述する。

◆**有限の代数**

実は、好都合なことに、「偶数」「奇数」の類どうしの足し算、引き算、掛け算を自然に導入することができる。足し算は、たとえば、

$$[1] + [1] = [0]$$

のようになる。これは、「奇数と奇数を足すと偶数になる」ということを類を使って表現したものとなっている。一般に、類 $[x]$ と類 $[y]$ の和は、$x+y$ の類 $[x+y]$ と定義する。上記の例を再度取り上げると、まず、定義から

$$[1]+[1]=[1+1]$$
ここでもちろん、
$$[1+1]=[2]$$
だが、類として $[2]=[0]$ の等式が成り立つことから、代表の $[0]$ を用いて、
$$[1]+[1]=[0]$$
となる。同様に、ほかの三つの足し算は、
$$[0]+[0]=[0]$$
$$[0]+[1]=[1]$$
$$[1]+[0]=[1]$$
となる。これで、「偶数」「奇数」の類の足し算が完全に定義できた。引き算も掛け算も同様にできる。掛け算のほうだけ提示しよう。掛け算のほうも、
$$[x]\times[y]=[x\times y]$$
から定義すればいい。すなわち、「偶数」「奇数」の類の掛け算は、その類に属する任意の数どうしを掛けて、その類にすればいい、ということ。結果だけを書くと、
$$[0]\times[0]=[0],\quad [0]\times[1]=[0],$$
$$[1]\times[0]=[0],\quad [1]\times[1]=[1]$$
となる。これらによって、「偶数」と「奇数」の二つの類からなる集合 $\{[0],[1]\}$ が可換環の一種であることがわかった。そればかりではない。この掛け算の結果から割り算についても閉じていることがわかる。すなわち、二番目、三番目の式から、
$$[0]\div[1]=[0]$$

また、四番目の式から、
$$[1] \div [1] = [1]$$
とわかる。このようにして、「偶数」と「奇数」の二つの類からなる集合 $\{[0], [1]\}$ が四則演算に閉じている「体」の一種になっていることも判明した。この体を「2元体」と呼ぶ。一般に有限個の数からなる体を「**有限体**」と呼ぶ。

同じように3周期で同一視を行うことで、3種類の類をもつ「3元体」を作ることができる。それは、次のような同一視から作られる。
$$\cdots = [-3] = [0] = [3] = [6] = \cdots$$
$$\cdots = [-2] = [1] = [4] = [7] = \cdots$$
$$\cdots = [-1] = [2] = [5] = [8] = \cdots$$
これは別の表現で言うと、「3の倍数」をすべて同一視し、「3で割ると1余る数」をすべて同一視し、「3で割ると2余る数」を同一視すること、ということである。

このようにしてできた三つの類から成る集合 $\{[0], [1], [2]\}$ も、やはり四則演算に閉じている。たとえば、定義から、
$$[2] \times [2] = [2 \times 2]$$
一方、$[4] = [1]$ であるから、
$$[2] \times [2] = [1]$$
とわかる。さらにこれから、
$$[1] \div [2] = [2]$$
もわかる。この三つの類から成る集合 $\{[0], [1],$

[2]} の加減乗をすべて式にしてみれば、除法にも閉じていることがわかり、これが体であると判明する。これを3元体と呼ぶ（図2-3）。

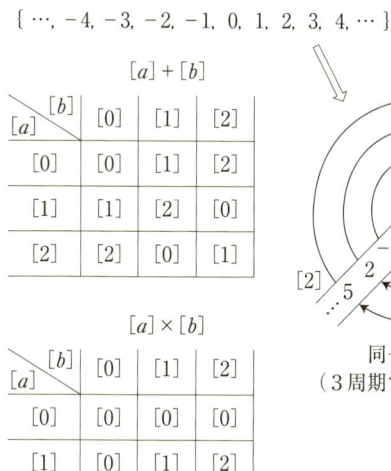

{ ⋯, −4, −3, −2, −1, 0, 1, 2, 3, 4, ⋯ }

$[a] + [b]$

[a]\\[b]	[0]	[1]	[2]
[0]	[0]	[1]	[2]
[1]	[1]	[2]	[0]
[2]	[2]	[0]	[1]

$[a] \times [b]$

[a]\\[b]	[0]	[1]	[2]
[0]	[0]	[0]	[0]
[1]	[0]	[1]	[2]
[2]	[0]	[2]	[1]

同一視の構造
（3周期で同じとみなす）

図2-3　3元体の世界

以上を理解すると、導入部で話した「曜日」という同一視が、実は、7元体として理解できることに気がつくだろう。たとえば、7元体では、$[3] \times [5] = [1]$ となるのだが、これは言ってみれば、[火曜]×[木曜]＝[月曜]のような「曜日算」のようなものを意味することが見抜けるに違いない。

さて、整数を n 周期で同一視することで作られる

類が必ず有限体(除法について閉じている)になるかというと、そうとは限らない。たとえば、4周期での同一視でできる四つの類$\{[0], [1], [2], [3]\}$は除法に閉じておらず、体にはならない。それを理解するために、この類における$[2]$に関する掛け算を眺めてみよう(以下の計算は、$[x] \times [y] = [x \times y]$という定義を思い出せば、簡単にチェックできる)。

$$[2] \times [0] = [0]$$
$$[2] \times [1] = [2]$$
$$[2] \times [2] = [0]$$
$$[2] \times [3] = [2]$$

見てわかるように、$[2]$に掛けて$[1]$になる類はない。つまり、割り算$[1] \div [2]$には、答えがないことになる。したがって、4周期での同一視でできる四つの類$\{[0], [1], [2], [3]\}$は割り算に閉じておらず、有限体とはならない(もちろん、加減乗はできるから可換環ではある)。

◆有限体と素数の親密さ

2周期の同一視、3周期の同一視でできる類は有限体になり、4周期の場合には有限体にならないということから、どんな周期の同一視について体になるか、予想がつくだろうか。実は、周期が素数のときは有限体になり、素数でないときは体にならないのである。ここでも素数が登場するというのは、意外なことであろう。

ここでは、素数7の場合、すなわち7元体を例に使って、なぜ素数のときに有限体になるのか説明しよう。

まず、ポイントとなるアイデアを説明する。たとえば、7元体において、÷[3]の答えとなる類が必ず存在することは次のように確かめられる。まず、6個の積、

　　　$1 \times 3, \ 2 \times 3, \ 3 \times 3, \ 4 \times 3, \ 5 \times 3, \ 6 \times 3$

に対してそれぞれを7で割った余りを並べると、

　　　$3, \ 6, \ 2, \ 5, \ 1, \ 4$

となる。これが1から6の順列(並べ換え)になっていることに注目しよう。このことから、どのxに対しても、$[y] \times [3] = [x]$となる類$[y]$が存在することがわかる。たとえば、$[5] \div [3]$を求めたい場合、$[y] \times [3] = [5]$となる$[y]$を求めればいい。これは上記の4番目どうしを見れば、

　　　$[4] \times [3] = [5]$

と求まる。つまり、$[y] = [4]$とすればいい。これから$[5] \div [3] = [4]$と求まる。

以上の分析によって、7周期の同一視の類が有限体となることを証明するには、1から6までの任意の整数aに対して、積

　　　$1 \times a, \ 2 \times a, \ 3 \times a, \ 4 \times a, \ 5 \times a, \ 6 \times a$

それぞれを7で割った余りが、1から6までの順列になっている(つまり、1から6までの整数がすべて一回ずつ現れる)ことを証明すればいい。このことを証

明するには、それぞれを7で割った余りがどの二つについても異なっていることを証明すれば十分だ。

今仮に、このなかの $x \times a$ と $y \times a$（ただし、$x<y$）を7で割った余りが一致していたとしよう。すると、
$$y \times a - x \times a = (y-x) \times a$$
は、（引き算で余りが消えるので）7の倍数でなければならない。すると、7は素数だから、$(y-x)$かaの少なくとも一方は7の倍数でなければならない（このことは第1章の28～29ページと同じ理屈である）。しかし、$(y-x)$もaも1から6までの整数だから、これは不可能。よって、$x \times a$と$y \times a$を7で割った余りが一致することはないとわかった。

以上によって、素数周期で同一視してできる類の集合は有限体になることがわかった。これらの有限体は、2元体をF_2、3元体をF_3、7元体をF_7などのように記される。逆に、周期が素数でない場合は、体にならないので、F_nとは書かない。

ちなみに、有限体を発見したのは、19世紀初めのフランスの数学者ガロアであった。ガロアは、19歳で300年未解決だった難問を解決し、20歳で決闘によって死ぬ、というある意味「華々しい」人生を送った、数学史上最も有名な数学者である。ガロアについては、後の第4章や第5章で再度紹介することになる。

実は、有限体はイデアルとも深く関係する。このことについては、第6章で詳しく説明することにしよ

う。
　このような有限体の発見は、数学の世界では非常に重大なものだった。なぜなら、有限個の要素から成る加減乗除に閉じた代数というのは、様々な分野で活かすことができるからである。
　例を挙げるなら、デザインの世界がその一つだ。
　たとえば、総当たりの組み合わせ表を作るとき、重複なく漏れなく配置するのは骨の折れる作業である。この作業は、有限体を使うと効率的に行うことができることがわかっている。また、図形による繰り返し模様で平面図形を作る場合などにも、有限体の構造が現れる。私たちの日常生活は、（曜日の例でも述べたように）有限の仕組みが使われるのが基本である。だからそこには、有限体の代数構造が活かせることが多いのだ。

第3章

図形の「形」を解く計算

　図形と言えば、三角形とか円とかを思い浮かべるだろう。立体でも、せいぜい直方体、円柱、円錐、球とかであろう。しかし、日常を離れると、非常に複雑で、形状の捉えにくい図形も多々ある。たとえば、人間の臓器はかなり複雑な形状をしている。ウイルスなどの微小な存在も形状が目には見えない。素粒子の世界になると、顕微鏡でさえ形を見ることはできない。

　このように、目で見ることの困難な図形の形状を分析する際に、数学は大きな力を発揮する。数学者たちは、計算によって図形の形状を分類する手法を編み出したのである。本章では、その技術の一つを紹介する。「ホモロジー群」という、非常に現代的な技術だ。もちろん、最先端の方法論なので、そのまま全部を解説しようとすると、数学を専門に勉強している人にしか理解できない。しかし、根っこのアイデアを理解するだけなら、中学生の知識で十分である。実は、中学1年生で習う「文字式」の知識を利用するだけで、「ホモロジー群」という高度な概念の根本のところは理解

できるのである。

◆文字式の計算

　中1では、「整数」の次に教わるのが「**文字式**」だ。この文字式というのが、あんがい抽象的で、習得するのに苦労する中学生は多い。しかし、文字式は、抽象的だからこそ役に立つとも言えるので、抽象的であることは宿命と言っても過言ではない。

　たとえば、$2x + 3x$ という文字式を考えてみよう（ちなみに、$2x$ とは、$2 \times x$ の×を省略した記法であることを思い出そう）。これは、x を「何か」とすれば、その「何か」に2を掛け、同じ「何か」に3を掛け、それらを足し算することを意味している。たとえば、「何か」を「旅行に行く人数」として、交通費が2万円、宿泊費が3万円とすれば、文字式 $2x + 3x$ は「旅行にかかる全費用」を意味する。また、「何か」を「時速」だとすれば、「何か」の速度で2時間走り、そのあと同じ「何か」の速度で3時間走った場合の、全走行距離が $2x + 3x$ だということになる（図3-1）。

　どちらの場合でも、$2x + 3x = (2 + 3)x = 5x$、となることは明らかであろう。前者で言うと、結局、旅行に1人 $2 + 3 = 5$ 万円かかるわけだから、旅行の全費用は $5x$ 万円になるのは当然だ。つまり、$2x + 3x$ とは、「何か」に2を掛け、同じ「何か」に3を掛けて足し算をする、というそのすべてを抽象的に表しているわけである。そして、それは当然の帰結として、$5x$

第3章 図形の「形」を解く計算

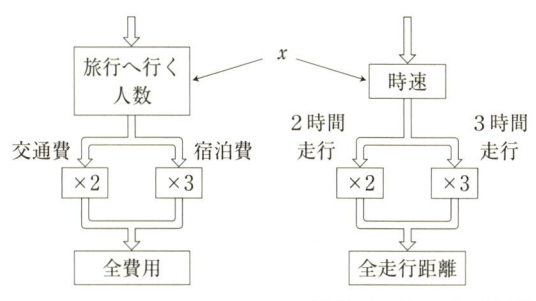

図3-1　$2x + 3x$ の意味

となるわけなのだ。

このような理解をすれば、$2x + 3x$ の後者の x を y に換えた $2x + 3y$ という文字式は、これ以上簡単にならないことも理解できる。x と y は、「それ」と「あれ」を表すので、同じでない可能性があるから、直接足すことができないのである。

一方、$2x + 3y + 5x + (-8)y$ という文字式では、x の項どうし、y の項どうしなら足し算できる。すなわち、

$$2x + 3y + 5x + (-8)y$$
$$= (2+5)x + (3-8)y = 7x - 5y$$

となる。$2x$ と $5x$ は、同じ「それ」どうしに対する掛け算を表す。$3y$ と $(-8)y$ は、「それ」とは異なるが、やはり同じ「あれ」どうしに対する掛け算を表す。だから、前者どうしはひとまとめに簡単化できるし、後者もそのようにできる。文字式とは、「何か」と称しているすべてに対する抽象的な計算を表している。言

ってみれば、日常会話で「それ」とか「あれ」などの代名詞を使うのと同じようなことを数学で行うのが文字式なわけだ。

◆足し算だけの世界

数や式などの数学的な対象を集めた集合に、次の三つの法則を満たす「足し算」が導入されているとき、その集合を「**可換群**」、または、「**アーベル群**」と呼ぶ。ここで、アーベルは数学者の名前である。

---〈可換群またはアーベル群〉---
(1) 足す順番を入れ替えても、また、どの部分から足し算しても、結果は同じ。
(2) 何に足しても相手を変えない 0 という存在がある。すなわち、$0 + x = x$ である。
(3) 任意の数 x に、その「反対の数」$(-x)$ が存在していて、$x + (-x) = 0$ となる。

ちなみに、可換群に掛け算の構造が加わったものが、第1章で紹介した可換環なのである。つまり、可換群は可換環よりも原始的な構造だと言える。

整数の集合 $\mathbb{Z}$ はいうまでもなく可換群。というか、むしろ、整数の足し算だけの構造を一般化させた概念が可換群だと捉えるのが正しい。

また、$2x$ とか $(-5)x$ など(整数)x というタイプの文字式をすべて集めた集合も可換群だ。さらには、$2x + 3y$ とか $5x + (-8)y$ などの(整数)$x +$(整数)

y の形をした文字式すべてを集めた集合も可換群である。

もう一つ、前章で説明した有限体も足し算の構造だけを取り出すなら可換群の一種だ。たとえば、2元体 F_2 は、[0] と [1] だけからなる集合で、足し算は次のようになっていた。

$$[0]+[0]=[0],\quad [0]+[1]=[1],$$
$$[1]+[0]=[1],\quad [1]+[1]=[0]$$

これは確かに上記の3条件を満たしている。実際、0 にあたるのは [0] であり、最後の計算でわかるように、[1] の「反対の数」は [1] 自身になっている。同様に、ほかの有限体も、足し算だけを取り出すなら、すべて可換群である。

もっと不思議な可換群として、2元体を係数とした文字式、すなわち、（2元体の数）x の集合を挙げることができる。これは、$\{[0]\,x, [1]\,x\}$ という集合となる。$[0]\,x$ を単に 0、$[1]\,x$ を単に x と記すなら、この可換群 $\{0, x\}$ での足し算は、次のようになっている。

$$0+0=0,\quad 0+x=x,\quad x+0=x,\quad x+x=0$$

◆正方形を貼り合わせて立体を作る

さて、以上の文字式の代数を利用して、これ以降、図形の形状を分析するための道具である「**ホモロジー群**」を解説していくこととしよう。

この章の冒頭でも述べたように、日常的ではない図形は、目で見ることができないものも多く、その形状

(1) 正方形 A→D, B→C（両辺同方向）⇒ 円筒

(2) 正方形 A←D, B→C ⇒ ねじる ⇒ メビウスの帯

(3) 正方形（上下左右ともに同方向に貼り合わせ）⇒ 円筒 ⇒ トーラス

(4) 正方形（対辺を逆向きに貼り合わせ）⇒ 射影平面 ?

図3-2　正方形を貼り合わせて図形を作る

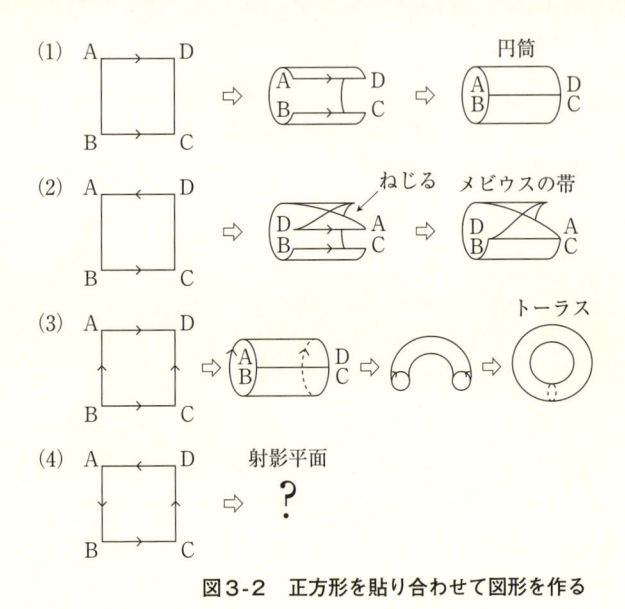

は簡単には捉えられない。たとえば、図3-2のように、正方形の辺々を貼り付けて立体図形を作ることを考えてみよう。

図3-2 (1) のように、AD と BC をこの方向で貼り付けると円筒ができる。これはだれでもわかるだろう。次に図3-2 (2) のように、BC をねじって、AD と CB がこの方向で貼り付くようにしてみよう。このようにしてできる図形は、「**メビウスの帯**」と呼ばれる。具体物を見たことがない人は、にわかには形を想像できないかもしれない。

さらに図3-2 (1) でできた円筒の左の円と右の円

を図のようにABがDCにこの方向で合わさるように貼り付けてみよう。こうすると図3-2(3)のドーナツ形ができる。数学ではこの形は「**トーラス**」と呼ばれる。これは十分に想像できる図形だろう。

問題は、図3-2(2)のメビウスの帯をさらにABがCDにこの方向で合わさるように貼り付けたもの(図3-2(4))である。これでできる図形は、数学で「**射影平面**」と呼ばれるものだが、まったく想像が及ばないに違いない。それは以下の問いに答えようとしてみればわかる。「図3-2(3)のトーラスをぐにゃぐにゃ伸縮させることで、図3-2(4)の射影平面に変形できるか？」という問いである。この問いに、頭の中で想像することで結論を出すことは、決してできないに違いない。数学者だってそれは同じである。

このような想像の及ばない図形について、それらの形状をある程度分類できる手段を与えてくれるのがホモロジー群なのである。ホモロジー群とは、文字式の作るふつうの可換群を特殊加工して、新しい可換群に仕立てたものである。図形が1個与えられると、そこにホモロジー群を一つ対応させることができる。そして、そのホモロジー群には、図形の形状が宿るのである。

◆点の同一視

以下、ステップ・バイ・ステップでホモロジー群の概念に迫っていくこととしよう。

まず、第一段階として、図3-3のような図形を例として取り上げる。

図3-3のABCDEFGHは8点から成る図形である。この図形をΓという記号で記すことにする。Γはギリシャ文字であり、「ガンマ」と発音する。点と図形全体を区別するために、ここではギリシャ文字を使うことにする。

図形Γ

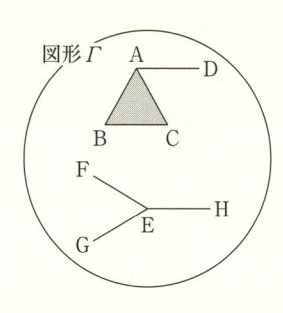

図3-3

見れば明らかなように、図形Γは三角形の板1個と7本の線分 AB, BC, CA, AD, EF, EG, EH からできている。

今、この図形に関して、次のような文字式を作る。

$z =$（整数）A＋（整数）B＋（整数）C＋（整数）D
　　＋（整数）E＋（整数）F＋（整数）G＋（整数）H

要は、点を表す8個の文字A, B, C, D, E, F, G, Hにそれぞれ整数の係数をつけて足し合わせた文字式なのである。一例を挙げるなら、

$z = 2A + 3B + (-1)C + 2D + 5E + 1F$

$$+(-4)G+7H$$

の文字式zが、それである。このような文字式を作って、いったい何をしようとしているのかは、読み進まないとわからない。しばらくは、準備と思っておつきあいいただきたい。

このタイプの文字式（8変数の文字式）それぞれを図形$\varGamma$の**0−サイクル**と呼ぶ。ここでは「サイクル」の意味がよくわからないと思うが、今は単なる名称にすぎないものとして受け入れてほしい（あとで、もう少し意味が明瞭になる）。この0−サイクルの集合は、単なる整数が係数の文字式の集合にすぎないから、50ページで説明したように可換群の仲間である。

次にこの0−サイクルの集合に「同じとみなすこと」、すなわち、「同一視」を導入しよう。次のような「同一視＊」である。

---〈同一視＊〉---
図形$\varGamma$の8個の点たちについて、二つの異なる点が線（辺）で結ばれている場合、その2個の点を「同じとみなす」。

たとえば、点Aと点Bは線で結ばれている。したがって、この2点は「同じ点とみなす」のである。つまり、付与されているアルファベットも、置かれている場所も異なるけれど、同じ点だとみなし、「同一視」してしまうわけだ。

このように「同一視」によってひとくくりにされる

集合を、第2章では「類」と呼んだ(37ページ参照)。そして、類は [ ] で囲んで表現した。今回も同じように、同一視される点の集合を類と呼び、[ ] で囲んで表現することにする。たとえば、点Aの属する類を [A] と表し、点Bの属する類を [B] と表すなら、AとBは線で結ばれていることから同じ類に属しているので、

$$[A] = [B] \quad \cdots ①$$

と等号で結べる。この等式は、点Aと点Bが(同一視*)で導入された見方で「同一視」される、ということを表している。「見た目は異なるが同一」ということだ。

同様に、点Bの属する類と点Cの属する類も、BとCが線BCで結ばれているから、

$$[B] = [C] \quad \cdots ②$$

が成り立ち、①と②から、

$$[A] = [B] = [C]$$

が成り立つ。さらに [A] = [D] もわかるから、

$$[A] = [B] = [C] = [D] \quad \cdots ③$$

が成り立つ。これは、点Dと点Cは直接には線で結ばれていないけれども「同一視」されることを意味している。つまり、4点、A, B, C, D がすべて「同じとみなされる」わけである。

同様にして、[E] = [F]、[E] = [G]、[E] = [H] が成り立ち、したがって、

$$[E] = [F] = [G] = [H] \quad \cdots ④$$

も成り立つ。

今まで出てきた以外に等号で結ばれる類はない。したがって、「同一視」は③と④の2種類であることがわかった。

◆ホモロジー群を定義しよう

以上で、「点の同一視」が完了した。次にこの「同一視」を、点ばかりではなく、0-サイクル（点たちで作られた文字式）にも導入することにしよう。たとえば、先ほどの0-サイクル

$$z = 2A + 3B + (-1)C + 2D + 5E + 1F \\ + (-4)G + 7H$$

に対して、z の属する類 $[z]$ を、以下のように定義する。

$$[z] = 2[A] + 3[B] + (-1)[C] + 2[D] \\ + 5[E] + 1[F] + (-4)[G] + 7[H] \quad \cdots ⑤$$

これは、単に、0-サイクルに現れる各点に [ ] をつけて、すべての点をそれが属する類に書き換えてしまうだけのことだ。

そうなると、各点の類を同一視によって代表の記号にまとめてしまって、文字式計算ができるようになる。たとえば、等式③から $[A], [B], [C], [D]$ をすべて $[A]$ で統一して代表させ、等式④から $[E], [F], [G], [H]$ をすべて $[E]$ で統一して代表させてしまうことにしてみよう。すると、⑤は、

$$[z] = 2[A] + 3[A] + (-1)[A] + 2[A]$$

$$+5[\mathrm{E}]+1[\mathrm{E}]+(-4)[\mathrm{E}]+7[\mathrm{E}]$$

と書き換えることができるが、4個の文字 [A] と 4 個の文字 [E] があるので、これらは文字式計算が可能となる。すなわち、

$$\begin{aligned}[z] &= 2[\mathrm{A}]+3[\mathrm{A}]+(-1)[\mathrm{A}]+2[\mathrm{A}]\\ &\quad+5[\mathrm{E}]+1[\mathrm{E}]+(-4)[\mathrm{E}]+7[\mathrm{E}]\\ &= (2+3+(-1)+2)[\mathrm{A}]\\ &\quad+(5+1+(-4)+7)[\mathrm{E}]\\ &= 6[\mathrm{A}]+9[\mathrm{E}]\end{aligned}$$

と計算される。この例を観察すればわかると思うが、図形 Γ のあらゆる 0-サイクル z の類 $[z]$ は、結局、

$$[z]=(整数)[\mathrm{A}]+(整数)[\mathrm{E}]$$

という形で表すことができる。これは [A] と [E] という類を表す文字に整数を係数としてくっつけた文字式だから、これも可換群の一つとなる。見慣れない記号ではあるが、この可換群は、

$$\mathbb{Z}\oplus\mathbb{Z}$$

と記される。整数の集合を $\mathbb{Z}$ と書くことは第1章で説明した。これを思い出すなら、上の記号は、次のような「不要な記号を消した省略形」だと捉えればいい。

(整数)[A] + (整数)[E]

→ (整数) + (整数)

→ $\mathbb{Z}+\mathbb{Z}$

→ $\mathbb{Z}\oplus\mathbb{Z}$

ここで「+」のかわりに「$\oplus$」という記号を使うのは、可換群を表す際に通常の「加法」と区別したいからで

ある。

　この記号を利用すると、「図形Γの０次元ホモロジー群は$\mathbb{Z} \oplus \mathbb{Z}$」と言い表すことができる。これは、点に整数の係数を付けて作った文字式に（同一視＊）を導入すると、結局は、整数を係数とした文字式二つの和で書ける、ということを意味する表現である。「ホモロジー」とは聞き慣れない言葉だろうが、単なる数学地方の方言として受け入れてほしい。

◆０次元ホモロジー群が意味すること

　ここで、「図形Γの０次元ホモロジー群は$\mathbb{Z} \oplus \mathbb{Z}$」が意味することを、もっと具体的に考えてみよう。これまでの「同一視」の仕組みがよく飲み込めている人なら直観しているかもしれないが、それは、「図形Γが、ひとつながりの図形２種類から構成される」ということなのだ。

　実際、図形 ABCD 上では、線（辺）を伝わっていくことで、どの点からどの点にでも移動することができる。この「ひとつながり」という性質をもつ図形を専門的に**連結**と呼ぶ。つまり、「図形 ABCD は連結」だということ。同様にして、「図形 EFGH も連結」である。しかし、図形Γ全体は連結ではない。点Aから点Eへは、線を伝わって移動することができないからだ。

　この連結という言葉を用いて図形Γを評価すれば、「図形Γが二つの連結部分から構成される」、というこ

とになる。このことが、とりも直さず、「図形 Γ の0次元ホモロジー群は $\mathbb{Z}\oplus\mathbb{Z}$ である」と同じ意味なのである（図3-4）。

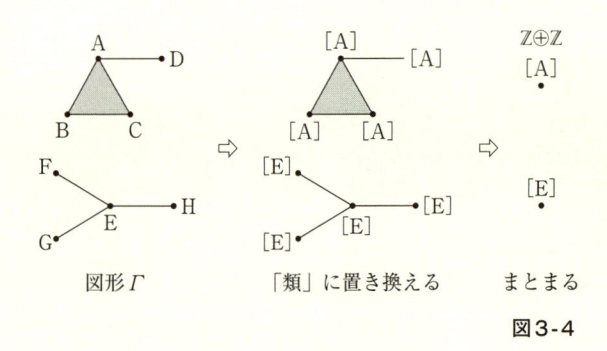

```
     A                    [A]              ℤ⊕ℤ
    / \•D                / \•[A]           [A]
   B---C              [A]---[A]             •

   F                    [E]
    \                    \
     E---•H              [E]---•[E]        [E]
    /                    /                  •
   G                   [E]

   図形 Γ              「類」に置き換える    まとまる
```

図3-4

理解を深めるためにもう一つ例を挙げておく。図3-5のような三つの線分からなる図形の0次元ホモロジー群は

$$\mathbb{Z}\oplus\mathbb{Z}\oplus\mathbb{Z}$$

となる。実際、この図形は三つの連結部分ABとCDとEFから構成されている。だから、三つの $\mathbb{Z}$ の足し算となるのである。

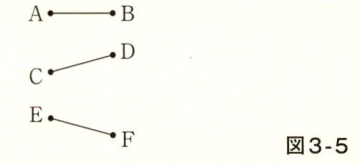

```
   A•----•B
         •D
       /
    C•
   E•----•F
```

図3-5

一方、このことは、(同一視＊)を導入した類についての等式、

$$[A]=[B], \quad [C]=[D], \quad [E]=[F]$$

によって、この図形の任意の0-サイクルzの類が、

$$[z]=（整数）[A]+（整数）[C]+（整数）[E]$$

と表せることから導かれるのは、前節の議論から明らかだろう（図3-6）。

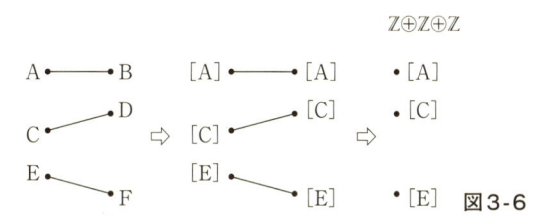

図3-6

0次元ホモロジー群が、連結部分の個数を表すことを、たいしたことのないつまらない事実と思う読者がいるかもしれない。しかし、連結部分がいくつ、ということを、「目で見た認識」ではなく計算で導くことができるのは大事なことだ。なぜなら、視覚で捉えられない図形にも通用するし、また、コンピューターにプログラムして実行させることができるからである。なお、この「連結」については、第8章でも再論する。

◆図形のなかの「輪」を式にしよう

それでは次に、もう1次元高い、1次元ホモロジー群の解説に移ろう。

今度は図3-7の図形Ωを例にする（Ωは、ギリシャ文字で、オメガと発音する）。これは中身の詰まった三角形ABCと線分BDと線分CDからできている。ハンドバッグのような形だと思えばよい。

図形Ω

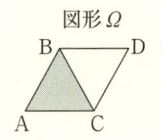

図3-7

1次元ホモロジー群の意味を先回りして説明してしまうと、図形Ωのなかに「本質的に異なる輪が何個あるか」を表す指標である。

このことを説明するために、この図形Ωのなかの「**輪**」を式によって定義してみる。たとえば、図形ΩにおいてA→B→C→Aと回る輪がある（図3-8）。

図形Ωのなかの輪

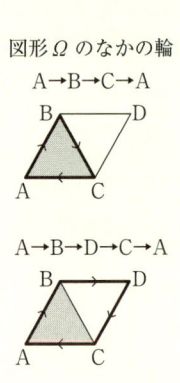

A→B→C→A

A→B→D→C→A

図3-8

第3章　図形の「形」を解く計算

これを次のように**有向線分**の足し算で表現しよう。

$$z_1 = AB + BC + CA$$

有向線分というのは、「向きを持った線分」のことだ。たとえば、ABはAからBへと向かう向きをもった線分である。そして、有向線分ABと有向線分BAは「向きが反対」のもので異なる有向線分とみなす。つまり、AB ≠ BAである。そして、

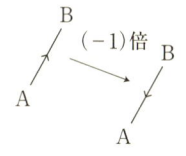

$$AB = -BA$$

のように、(−1)倍すると等しい、と定義される。あるいは、

$$AB + BA = 0$$

と捉えてもよい（図3-9）。このことから、上の輪 z_1 は、

$$z_1 = -BA + BC + CA$$

と表すこともできる。

AB = −BA　　**図3-9　有向線分**

輪はほかにもある。たとえば、A→B→D→C→Aの輪は、

$$z_2 = AB + BD + DC + CA$$

と表せる（図3-8）。また、B→D→C→Bの輪は、

$$z_3 = BD + DC + CB$$

と表せる。さらには、A→B→C→A→B→C→A のように2周する輪は次のように表現される。

$$2z_1 = 2AB + 2BC + 2CA$$

つまり、輪 z_1 を2倍したもので「2周分」を表すのである。こういう表現がうまくいくのが文字式の有能なところなのだ。

さて、これらのような「何周分かの輪」を有向線分の文字式で表したものを **1-サイクル** と呼ぶ。ここで「1-」は1次元を意味する。そして、サイクルは文字通り「輪」のこと。したがって、1-サイクルという言葉は素直に受け入れられるだろう（ちなみに、55ページで 0-サイクルと、輪でもないのに「サイクル」という言葉を使ったのは、用語の統一のためにほかならない）。1-サイクルに整数を掛け算して加え合わせたものも、また 1-サイクルに属する。たとえば、

$$z_4 = 2z_1 + 3z_3 = 2(AB + BC + CA)$$
$$+ 3(BD + DC + CB)$$

などがそうである。このような計算も、文字式として捉えることができるからである。これは、

$$3CB = -3BC$$

に注意すれば、

$$z_4 = 2z_1 + 3z_3$$
$$= 2AB + 2BC + 2CA + 3BD + 3DC + 3CB$$
$$= 2AB + 2BC + 2CA + 3BD + 3DC - 3BC$$
$$= 2AB - BC + 2CA + 3BD + 3DC$$

と計算できる（BCの項を計算）。

z_1 と z_3 は交わっている輪なので、この1-サイクルは「z_1 を2周したあと z_3 を3周する」と解釈することができるが、別に交わった輪でなくてもこのような「整数を掛けて足し算した式」はいつも1-サイクルとなる。

◆ 'へり' をゼロとみなす

さて、前回の0-サイクルのときと同じように「同一視」を導入する。それは次のような「同一視」である。

---〈同一視＊＊〉---
1-サイクルのうち、中身の詰まった2次元図形の'へり'になっているものは0とみなす。

たとえば、先ほどの例で言えば、A→B→C→Aを表す1-サイクル z_1 は、中身の詰まった三角形ABCの周囲、つまり、'へり' となっているので0と同一視される。

1-サイクルにこの同一視を導入して類としたものを、[ ] を付けて表すと、
$$[z_1] = [AB] + [BC] + [CA] = 0 \quad \cdots ①$$
となる。これは z_1 と0が同じ類と捉えられることを意味している（簡単にするため0の類は［0］とせず、0のまま用いる）。

このように、中身の詰まった図形のへりとなってい

て0と同一視される1-サイクルのことを、特に、**1-境界サイクル**と呼ぶ（図3-10）。

中身の詰まった図形のへり
をゼロとみなす
→1-境界サイクル

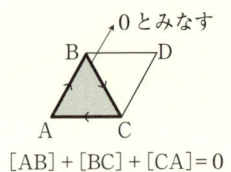

$[AB]+[BC]+[CA]=0$ 図3-10

中身が詰まっている三角形のへりである1-サイクル $[z_1] = [AB] + [BC] + [CA]$ が0と等しく、中身の詰まっていない三角形の1-サイクルの類 $[z_3] = [BD] + [DC] + [CB]$ が0にならないことは、次のように理解できる。すなわち、1-サイクル $[z_1]$ の三角形は図形 Ω 上で連続的に縮めていって、やがて1点にしてしまうことができる。他方、1-サイクルの類 $[z_3]$ のほうはそうできない（図3-11）。

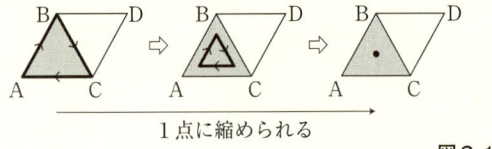

1点に縮められる

図3-11

第3章　図形の「形」を解く計算

このような1‐境界サイクルと0との（同一視＊＊）の導入された類の世界では、見た目には異なる1‐サイクルが同じ類に属す、すなわち、同じ輪だとみなされる、ということが起きる。たとえば、A→B→D→C→Aの1‐サイクルの類$[z_2]$と、B→D→C→Bの1‐サイクルの類$[z_3]$は同一視されて同じ輪とみなされることになる。つまり、

$$[z_2]=[z_3]$$

ということである。どうしてそうなるのか。まず、先ほどの①式から移項によって、

$$[CA]=-[AB]-[BC] \quad \cdots ②$$

という式が得られる。これを$[z_2]$の式に素直に代入すれば、

$$\begin{aligned}[z_2]&=[AB]+[BD]+[DC]+[CA]\\&=[AB]+[BD]+[DC]\\&\quad+(-[AB]-[BC])\\&=[BD]+[DC]-[BC]\\&=[BD]+[DC]+[CB]=[z_3]\end{aligned}$$

となる（$-[BC]=[CB]$を思い出そう）。これで$[z_2]=[z_3]$が計算によって確かめられた。

この一致は何を意味しているだろうか。それは、「図形Ωにおいて輪z_2と輪z_3はある意味で同じ」、ということである。図3-12を見てほしい。輪z_2は、三角形ABCの内部を通ってジワジワと移動させていくことで、輪z_3の位置にたどりつかせることができる。

輪 A→B→D→C→A ⟶ 輪 B→D→C→B

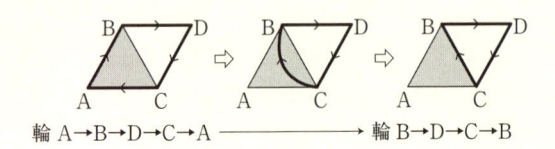

図3-12

このような意味で、輪 z_2 と輪 z_3 は本質的には同じ輪だとみなされる。

◆1次元ホモロジー群を計算してみる

さて、図形 Ω におけるいろいろな1-サイクル（輪）に対して、類の計算をしてみるとわかることだが、どんな1-サイクルも結局は、(整数)×$[z_3]$、という式に変形することができる。試しに一つだけ例をやってみよう。今、

$$z = AB + BC + CD + DB + BC + CA$$

を考える。これは A→B→C→D→B→C→A と図形上を回ってくるので1-サイクルの一つ。この z が属する類 $[z]$ を計算してみよう。途中で②式を再び使う。

$$\begin{aligned}
[z] &= [AB] + [BC] + [CD] + [DB] + \\
&\quad [BC] + [CA] \\
&= [AB] + [BC] + [CD] + [DB] + \\
&\quad [BC] - [AB] - [BC] \\
&= [CD] + [DB] + [BC] \\
&= -[DC] - [BD] - [CB]
\end{aligned}$$

$$= -([DC]+[BD]+[CB])$$
$$= (-1) \times [z_3]$$

確かに、(整数) × $[z_3]$、の形にまとまった。係数が (整数) という一つだけなので、この図形 Ω の1次元ホモロジー群は $\mathbb{Z}$、と定義される。これは、図形 Ω 上に本質的に異なる輪が1個だけあることを意味している。つまり、1次元ホモロジー群が「(整数) × (文字)」という形なら本質的に異なる輪が一つ、「(整数) × (文字) + (整数) × (文字)」となるなら、本質的に異なる輪が二つ、という意味になるわけなのだ。これらのことを、一つのときは $\mathbb{Z}$、二つのときは $\mathbb{Z} \oplus \mathbb{Z}$ と記すことは四つ前の節で解説した。したがって、

$$(\Omega の1次元ホモロジー群) = \mathbb{Z}$$

と結論される。

以上のように、簡単な文字式計算が、1次元ホモロジー群という式で、「図形上に輪が何通りあるか」という「形」についての情報を与えてくれるのである。

ここまで読んできた読者のなかには、「文字の部分だけが本質なので、整数係数をあえて導入しなくても、もっと簡明に定義できるのではないか」という疑問をもつ人もいるだろう。実際、これまでの簡単な例ならそうだ。しかし、もっと複雑な図形に対してやもっと高次元の「形」を定めるためには、整数係数の作る可換群を使うことがもっともスッキリした表現になるのである。

◆ドーナツ上には輪が何通りあるか？

1次元のホモロジー群の定義が終わったので、次の段階として、いろいろな図形の1次元ホモロジー群を計算してみることにしよう。

まずはトーラス（ドーナツ形）を取り上げる。なじみやすさを優先して、以降、一貫して「ドーナツ形」という名で呼ぶことにする。

正方形からドーナツ形を作る方法については52〜53ページで解説したが、もう一度くり返しておく。

図3-2を再度見てほしい。正方形を丸めて、上の辺と下の辺を貼り付ける。これで（中が空洞の）円柱ができる。次に、この円柱を引き延ばして曲げて、左の円と右の円を貼り付ける。これでドーナツ形ができあがる。

さて、このドーナツ形には、本質的に異なる輪は何通りあるだろうか。

これを考えるために図3-13を見てもらおう。

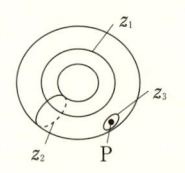

図3-13

少し考えただけで、輪 z_1、輪 z_2、輪 z_3、の三つが思い浮かぶだろう。しかし、輪 z_3 は、ドーナツ形の表面でジワジワと移動させると1点Pに縮めることが

できるから、これは本質的には輪とは捉えられない。他方、輪 z_1 をジワジワと移動させていっても輪 z_2 の位置に持っていけないことが容易に想像される。したがって、z_1 と z_2 は本質的に異なる輪に違いない、と思えるだろう。この憶測は正しく、実際、

　　（ドーナツ形の１次元ホモロジー群）＝ $\mathbb{Z} \oplus \mathbb{Z}$

となっていて、本質的に異なる輪がこの $[z_1]$ と $[z_2]$ だということが以下のように説明される。

　まず、図3-14の正方形を考える。この正方形は、なかを三角形に分割してある。三角形に分割するのは、このあと、輪を表現しやすくするためである。

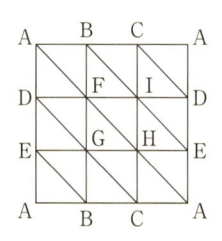

図3-14

　18個ある三角形はすべて中身の詰まった三角形となっている。この正方形を先ほどのように貼り合わせて、ドーナツ形を作ったとしよう。具体的には、上辺と下辺をAどうし、Bどうし、Cどうしがくっつくように貼り付け円柱を作る。すると左右に円ができるが、この円をAどうし、Dどうし、Eどうしがくっつくように貼り合わせる。これでドーナツ形ができあが

る。

このとき、図3-13のドーナツ形上の円z_1は、ABCAの辺によって作られ、円z_2はADEAの辺によって作られ、円z_3は三角形FGHの周によって作られることが見て取れるだろう。

作られたドーナツ形の表面上で1-サイクルや1-境界サイクルを考えたいのだが、それは元の図3-14の正方形上で考えても同じはずだ。

各三角形の周を表す1-サイクルは(へりであることから)1-境界サイクルである。したがって、定義(同一視**)から、0と同一視されなければならない。たとえば、
$$[FG] + [GH] + [HF] = 0$$
となる。ところで、これは図3-13の輪z_3の類$[z_3]$であるから、$[z_3] = 0$となる。これが、ドーナツ形上の輪z_3を本質的には輪とみなさない理由だ。

次に、輪z_1について、その類は、
$$[z_1] = [AB] + [BC] + [CA]$$
となる。同様に、輪z_2について、その類は、
$$[z_2] = [AD] + [DE] + [EA]$$
となる。これらは、どんな計算をしても等しくならないので、ドーナツ形の本質的に異なる輪を与えることになる。

ほかに異なる輪はないだろうか。たとえば、正方形上のA→F→H→Aという対角線は、輪となっている。これはドーナツ形の表面上を、穴の内側から外側

に向かってぐるっと回る輪だ。これはどんな輪と同一視できるのだろうか。この1‐サイクルをz_4とすると、

$$[z_4] = [AF] + [FH] + [HA]$$

である。一方、三角形ABFは中身の詰まった三角形だから、1‐境界サイクルとして、

$$[AB] + [BF] + [FA] = 0$$

が成り立つ。この式を $[AB] + [BF] = [AF]$ と変形して $[z_4]$ に代入し、

$$[z_4] = [AB] + [BF] + [FH] + [HA]$$

が得られる(図3-15、次頁)。つまり、輪A→F→H→Aは、輪A→B→F→H→Aと同一視できるわけだ。このように輪を図のようにジワジワと移動させていくと、最終的には、

$$\begin{aligned}[z_4] &= [AB] + [BC] + [CA] + [AD] \\ &\quad + [DE] + [EA] \\ &= [z_1] + [z_2]\end{aligned}$$

という式が得られる。つまり、輪A→F→H→Aは、輪z_1を回ったあと輪z_2を回ったものと同じになる、ということなのである(図3-16、次々頁)。

以上のことから、ドーナツ形上のすべての1‐サイクルの類は、結局、

$$(整数)[z_1] + (整数)[z_2] \quad \cdots ③$$

という式と等しくなることがわかる。これによって、ドーナツ形には本質的に異なる輪は2種類しかなく、

$$(ドーナツの1次元ホモロジー群) = \mathbb{Z} \oplus \mathbb{Z}$$

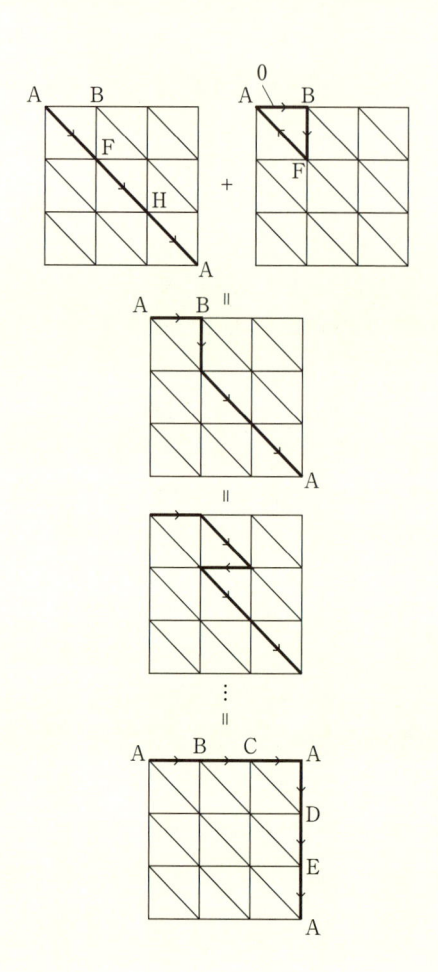

図3-15

第3章　図形の「形」を解く計算

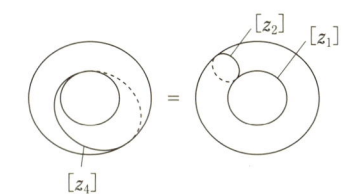

図3-16

となることがわかった。この式は、ドーナツの「形」についての一面を一つの数式で表したものである。

◆射影平面の輪はどんな輪？

最後に53ページで例とした射影平面について、1次元ホモロジー群を求めてみることにしよう。結果が意外なものになることを予告しておく。

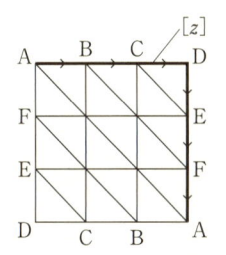

図3-17

射影平面も正方形を貼り合わせて作られるが、ここにもう一度再現しておく。図3-17の上辺と下辺において、AどうしをBどうし、Cどうし、Dどうしを貼り付け、メビウスの帯を作る。次に、メビウスの帯のへりをEどうし、Fどうしで貼り合わせる（これは、

私たちの住む3次元空間では具体的に実行することは不可能だから、決してトライしたりしないように)。

さて、このようにできた射影空間では非常におもしろいことが起きる。上辺と右辺とをつないだ $A \to B \to C \to D \to E \to F \to A$ は、射影空間の輪であり、1-サイクルである。この輪 z を2倍した1-サイクル $2z$ はどうなるだろうか。この類は、

$$2[z] = ([AB]+[BC]+[CD]+[DE]+[EF]+[FA])$$
$$+ ([AB]+[BC]+[CD]+[DE]+[EF]+[FA])$$

だが、二番目の( )内を下辺→左辺という輪だとみなせば、$2[z]$ は上辺→右辺→下辺→左辺と正方形のへりを1周する輪だとみなせる。これは、18個の三角形のへりとなっている1-境界サイクルを全部加え合わせたものなので、18個の0の和として0になる。つまり、$2[z]=0$、となるわけなのだ(図3-18)。

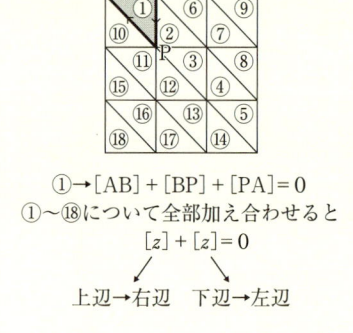

①→$[AB]+[BP]+[PA]=0$
①〜⑱について全部加え合わせると
$[z]+[z]=0$
 ↙   ↘
上辺→右辺 下辺→左辺

図3-18

これは、輪 A→B→C→D→E→F→A を2周すると0になることを意味する。つまり、この射影空間の1-サイクルの類はすべて、$[z] + [z] = 0$ となる。この文字式計算は51ページに登場した（2元体の数）x と同じものである。そして係数だけで書けば、$[1] + [1] = 0$ という代数が成り立つわけである。この代数は、まさに、40と44ページで解説した2元体 F_2 である。つまり、

　　　（射影平面の1次元ホモロジー群）
　　　　= 2元体 F_2

なのである。つまり、射影平面上にはほどけない輪が一つあるが、それは二巻きするとほどけてしまう、という私たちの常識では想像できないような輪であるとわかった（詳しくは、文献 [2][3] など）。

　第2章で解説したように、有限体というのは、「同じとみなす」方法論を使って、人工的に生み出された数学概念だ。2元体は、2個の数だけから成る閉じた足し算の世界だった。その人工的で抽象的な代数世界が、正方形を貼り合わせて作られる複雑な射影平面という図形の「形」を表現するときに出現するというのだから、摩訶不思議である。

◆**図形の変形で保たれる量**

　以上の解説で、0次元ホモロジー群が「図形が、いくつのひとつながりの部分から構成されているか」ということを表し、1次元ホモロジー群が「図形上に本

質的に異なる輪が何個あるか」を表す量であることがわかった。まったく同じ仕組みで、文字式の同一視を使って、もっと高次元のホモロジー群を定義することができる。ただし、もっと高次元のホモロジー群の日常的な意味を見出すことは困難になる。

ホモロジー群は図形の形状の一面を表しているから、図形の分類に役立てることができる。実際、図形 Ω_1 を、はさみで切り込みを入れたりせずに、伸縮だけで変形して、図形 Ω_2 に変形できる場合、Ω_2 のホモロジー群は、Ω_1 のホモロジー群と同じままであることが証明されている。つまり、連続的な変形(この意味は、あとの章でもっと明確になる)ではホモロジー群は変化しないのである。0次元と1次元のホモロジー群の場合は、「図形が、いくつのひとつながりの部分から構成されているか」や「図形上に本質的に異なる輪が何個あるか」が、連続的な変形では保持されることは直観的には納得できるであろう。

したがって、二つの図形においてホモロジー群が異なれば、それらの図形は、連続的な変形で一方を他方に変形することが不可能であることがわかる。このことは、犯人がかぎ鼻とわかっていて、容疑者が丸鼻とわかっているなら、容疑者が犯人でないことがわかるのと同じである。二人の完全な顔写真がなくても鼻だけの違いから特定できるのである。ホモロジー群は、二つの図形が連続的な変形で一致させられるかどうかまではわからないが、一致させられないことを特定す

ることには使える。

　このことを利用すれば、トーラス（ドーナツ形）を連続的に変形して射影平面に一致させることが不可能であることがわかる。どちらも0次元ホモロジー群は$\mathbb{Z}$であり、その点は一致している（どちらもひとつながりの図形だから）。しかし、1次元ホモロジー群については、ドーナツ形は$\mathbb{Z}\oplus\mathbb{Z}$であり、射影平面については$F_2$であり、これらは異なっている。したがって、ドーナツ形を連続的に伸縮させて変形しても、決して、射影平面を作ることはできないのである。

　数学は、このようにして、二つの図形を類別するための量をいろいろ発見してきている。目に見えない図形、ミクロの世界の図形、高次元の図形などを可視化するための計算を突き止めるのは、数学のなりわいの一つなのだ。

第4章
「関係性」を代数で捉える

　世の中に「関係」と呼ばれるものはたくさんある。「親戚関係」、「恋愛関係」、「上司・部下関係」、「同業者関係」、「同盟関係」などなど。「関係」は、世界を分類し分析する重要なものの見方だ。数学は、そのような「関係」を定義し、その上で、代数によって操作をする方法論を発見した。それは、「写像」と「群」である。この道具によって、数学者たちは、抽象的な数学的素材に備わる固有の性質を突き止める技術を格段に向上させることができた。本章では、写像を定義することから始まって、最後は群の理解にまで進むことにしよう。

◆「関数」から「写像」へ

　現代の数学にとって、もっとも重要なツールの一つに「**写像**」がある。「**写像**」とは、中学生が習う「**関数**」を発展させたものだと思っていい。

　関数（英語では function）とは、「数をインプットすると、何か決まった仕組みの計算で別の数に変えてア

ウトプットする」ような「働き」を総称したものだ。たとえば、関数 $f(x) = 2x$ は、「インプットされた x を2倍にしてアウトプットする働き」を意味する。$f(x)$ の f は、それが表している「働き」をそれぞれ区別するために付けられたラベルである。$f(x) = 2x$ における $f(x)$ は、x に働き f をほどこしてアウトプットしてくる値を意味する記号で、したがって、式 $f(x) = 2x$ は、「x に働き f をほどこしてアウトプットしてくる値が $2x$ である」、つまり、「働き f はインプットされた数を2倍にしてアウトプットする働き」という意味になる。

関数のラベルには、「機能」を意味する英語 function の f を使うことが多いが、ほかに、$a(x)$ を使うこともあるし、$p(x)$ を使うこともある。ラベルには、どんなアルファベットを使っても、あるいは複数個のアルファベットを使ってもかまわない。

ちなみに、このように関数が文字式で表現できることにも文字式の有効性（48 〜 49 ページ）を見ることができよう。

関数 $f(x) = 2x$ を、「インプット」「アウトプット」という言葉を使わずに表現するなら、「f は、数 x を数 $2x$ に対応させる働き」というふうに「対応」という表現を使えばいい。数学を展開するには、この「対応させる働き」を、数だけでなく、もっと多くの対象に拡張したほうが便利である。そこで考え出されたのが「写像」（英語では mapping）という概念なのだ。

◆「写像」は縁結び

写像を一つ与えるには、まず、二つの集合 X と Y を決める必要がある。集合 X と集合 Y が与えられたとき、「X の一つの要素に Y の要素の一つを、何らかの規則で結びつける」のが写像 φ である。ここで、φ はギリシャ文字で「ファイ」と発音する。ここでは、「関数」と「写像」を区別するために、ギリシャ文字を使うことにする。

写像の例として、X を男子の集合、Y を女子の集合として、次のように「対応」を設定する。

$X = \{$ジュン, ショウ, サトシ$\}$
$Y = \{$ユウコ, マユ, ユキ$\}$

そして、X から Y の写像 φ を「好き」という関係で対応させるものとしよう。

たとえば、ジュンがユウコを好きで、ショウがマユを好きで、サトシがユキを好きだとする。このことを→を使って、次のように表現する（図4-1）。

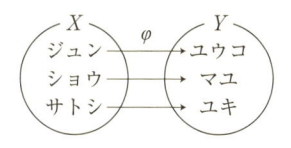

```
   X        φ      Y
 ジュン ─────→ ユウコ
 ショウ ─────→ マユ
 サトシ ─────→ ユキ
```

図4-1

この対応関係を φ という記号で表すことにする。

まず、φ が集合 X の要素を集合 Y の要素に結びつけることを表現するには、

$$\varphi : X \to Y$$

と記す。そして、それぞれの要素の対応を、

φ（ジュン）＝ユウコ

φ（ショウ）＝マユ

φ（サトシ）＝ユキ

と記す。ここで、$\varphi(a)=b$ は、「a が写像 φ の表す対応規則に従って、b に結びつけられること」を表す記号である。この場合は、「a は b を好き」を意味するわけである。

次の図4-2のような場合も φ は写像になる。

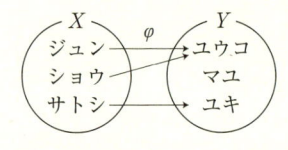

図4-2

これは、ジュンとショウが同じユウコに対応している場合を表している。このように、「集合 Y のだれかに人気が集中する」場合も写像として認められる。一方、次の図4-3のような場合は、写像とは言わない。これは、「ジュンが二股をかけている」点と「ショウに好きな子がいない」という点と、二つの点で写像となっていない。X のある要素が Y の要素に対応させられていなかったり、また、二つ以上の要素に対応させられていたりする場合は写像とは定義されないのである。

第4章 「関係性」を代数で捉える

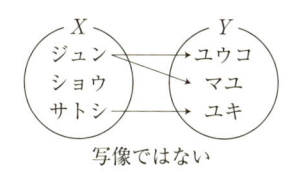

$$X \quad\quad Y$$
ジュン → ユウコ
ショウ → マユ
サトシ → ユキ

写像ではない

図4-3

写像を正式に定義すると以下のようになる。

〈写像の定義〉

集合 X と集合 Y が与えられたとき、

$$\varphi : X \to Y$$

が写像であるとは、

　　X のどの要素も、Y のただ一つの要素と対応させられている

場合を言う。

余談になるが、筆者は写像のことを考えるといつも、子供の頃のお祭りでの出店のクジを思い出す。神社のお祭りに、露店でクジ屋さんがいた。そのクジは、たくさんの太いヒモを束ねたもので、ヒモの一方の先端には一つの景品がくっついていた（図4-4）。

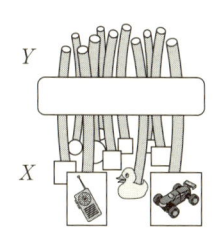

図4-4

景品のなかには、プラレールやトランシーバーやラジコンカーなど（当時としては）豪勢なものもあった。子供たちはお金を払うと、好きなヒモを一本選ぶことができる。束になったヒモから一本を選んで引っ張ると、景品の側の一つが動く。それを景品としてもらえるのである。

このクジは前に説明したような写像の一種になっていることは明らかだろう。Xは「景品の集合」、Yが「ヒモの先の集合」だ。そして、景品それぞれにヒモの先端の一つが対応している。

ところが筆者は、このクジで、豪華な景品が当たったのを一度も見たことがない。いつも、ガムとかチョコとかビスケットなど、安価な景品が当たり、決して、プラレールやラジコンカーは当たらなかった。筆者は子供ながらに、「これには何かトリックがある」と感じた。たとえば、図4-5のように景品どうしが対応させられている場合である。

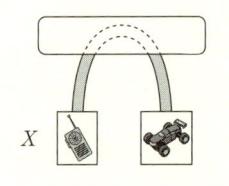

図4-5

もちろん、証拠はないので、筆者の単なる思い過ごしかもしれない。仮に筆者の推測が正解だとすれば、

これは写像にはなっていない。トランシーバーにもラジコンカーにも対応する Y の要素がないからである。

◆写像はつなぐことができる

関数はすべて写像の仲間である。関数とは、写像における集合 X と集合 Y を数に限ったものだと考えて差し支えない。したがって、写像は、関数をより広い対象に拡張したものと捉えられる。写像は、数的な変化の法則を記述するばかりでなく、多種多様なモノの関係性を表現できる、大変に有用な道具なのである。

写像の重要な特性は、「写像と写像をつなぐことができる」ところにある。これによって、「関係性」に対して代数的な構造を持ち込むことができるようになる。もう少しきちんというと、「写像 $\varphi : X \to Y$ と写像 $\tau : Y \to Z$ はつなぐことができる」のである。ここで、Y が共通なのがミソ（ちなみに、τ もギリシャ文字で、タウと発音する）。

たとえば、集合 X と集合 Y はさっきと同じく、
 $X = \{$ジュン, ショウ, サトシ$\}$
 $Y = \{$ユウコ, マユ, ユキ$\}$
とし、集合 Z は、
 $Z = \{$カズナリ, マサキ$\}$
としよう。そして、写像 $\varphi : X \to Y$ と写像 $\tau : Y \to Z$ を次のように設定する（ちなみに、写像 τ も「好き」を表す対応と仮定する）。

このとき、真ん中の集合 Y を単なる「中継点」とみ

なして、取り去ってしまって直通の対応を作れば、集合Xから集合Zへの写像が得られる（図4-6）。

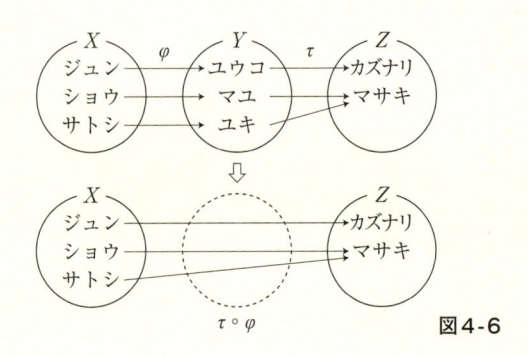

```
   X         φ      Y      τ        Z
 ジュン ──────→ ユウコ ──────→ カズナリ
 ショウ ──────→ マユ    ──────→ マサキ
 サトシ ──────→ ユキ
                ⇩
   X                          Z
 ジュン ──────────────→ カズナリ
 ショウ ──────────────→ マサキ
 サトシ
              τ ∘ φ
```

図4-6

具体的には、この対応関係の意味するところは、「a君の好きな女子が好きな男子b君」ということになる。もっとすっきり言うなら、「bはaのライバル」という関係である。

このような「写像$\varphi : X \to Y$と写像$\tau : Y \to Z$をつないで中継点Yを消してできるXからZへの写像」のことを、

「写像φと写像τの**合成写像**」

と呼ぶ。記号では、

$$\tau \circ \varphi$$

と記す。「∘」が合成を表す演算の記号である。ここで、写像τのほうが先に書かれるのは次のような理由からだ。今、$\varphi(x) = y$という表現方法を使って、合成を表現してみよう。

写像φでジュンはユウコに対応し、写像τでユウコはカズナリに対応している。これを式で表すと、

$$\varphi(ジュン)=ユウコ,\quad \tau(ユウコ)=カズナリ$$

となる。後者のユウコを前者の左辺に置き換えること(代入すること)ができるから、そうしてみると、

$$\tau(\varphi(ジュン))=カズナリ$$

という式が得られる。これは、「ジュンの好きなユウコはカズナリが好き」、すなわち、「ジュンのライバルはカズナリ」を表しているから、まさに、「写像φと写像τの合成写像」での対応となっている。したがって、$\tau(\varphi(ジュン))$という形式のなかの順序を見ればわかるように、この合成写像は$\tau\circ\varphi$という順で表記するのが自然であろう。

◆元に戻す写像

写像のなかでとりわけ大事なのが、「1対1写像」と呼ばれるものだ。これは写像 $\varphi:X\to Y$において、Yのどの要素にもXの唯一の要素が対応している場合をいう。

先ほどの「好き」を表す写像で言えば、「どの女子にも彼女を好きな男子がおり、また、2人以上に好かれている女子はいなくて、みごとに全員がカップルになっている状態」を言う。たとえば、図4-7のような対応である。

X φ Y
ジュン ユウコ
ショウ マユ
サトシ ユキ

Y φ⁻¹ X
ユウコ ジュン
マユ   ショウ
ユキ   サトシ

φ^{-1}はφの逆写像

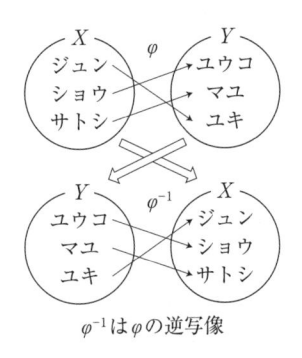

図4-7

　この場合は、→の向きを逆にして「元に戻す写像」を作ることができる。これは「好かれている」という対応を表す写像であり、φの「**逆写像**」と呼び、φ^{-1}という記号で表す。逆写像については、必ず、次の等式が成り立つ。

$$\varphi^{-1}(\varphi(a)) = a$$

これは、「aに対応するものを逆戻しにすればaに戻る」ということを意味するにすぎない式である。

　上の例で言えば、「ジュンが好きな女子ユキを好きな男子はジュン」ということだ。したがって、合成写像$\varphi^{-1} \circ \varphi$は、図4-8のような写像になる。このように、「自分に自分を対応させる写像」を「**恒等写像**」と呼ぶ。「写像と逆写像の合成は恒等写像になる」ということなのである。

第4章 「関係性」を代数で捉える

$$X \xrightarrow{\varphi^{-1} \circ \varphi} X$$
ジュン → ジュン
ショウ → ショウ
サトシ → サトシ
恒等写像

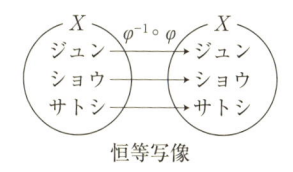

図4-8

◆群という代数構造

「1対1写像」のなかで、さらに特別な写像を考えよう。それは、「集合 X から集合 X への1対1写像」、つまり、同じ集合に対して対応関係を作ったものである。これを本書では**「自己1対1写像」**と名付けることにする（この用語は一般的ではない）。この自己1対1写像の集合には合成によって、自然に（掛け算に似た）代数構造を導入することができる。なぜなら、二つの自己1対1写像の合成は、別の自己1対1写像になるからである。

このことを理解する簡単な例として、1から3までの3個の自然数から成る集合 $X = \{1, 2, 3\}$ を考えよう。

集合 X から X への自己1対1写像は、全部で6個ある。それは図4-9のものである。

見てわかる通り、φ_1 は恒等写像、φ_5 と φ_6 は互いに逆写像の関係、$\varphi_2, \varphi_3, \varphi_4$ のそれぞれの逆写像はそれぞれ自分自身となっている。

この6個の写像たちには「写像の合成」を演算として、一つの代数を導入することができる。たとえば、

91

図4-9

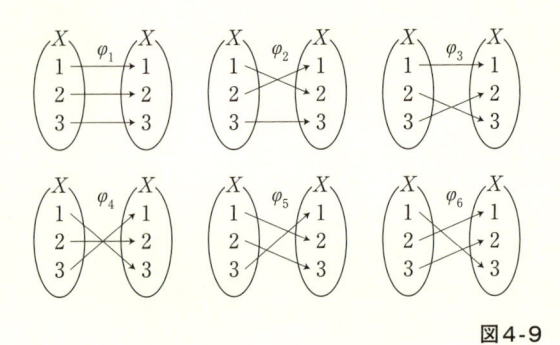

φ_2とφ_3を合成して(この順につないで)合成写像$\varphi_3 \circ \varphi_2$を作ってみよう。これは、図4-10を見ればわかるように、φ_6に一致する。

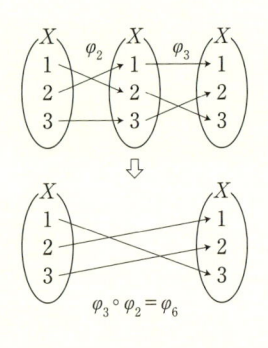

図4-10

このような、6個の自己1対1写像の集合に合成を演算として導入して作った代数世界をGとしよう。Gは図4-11のような表になる。これを「**乗積表**」と呼ぶ。

第4章 「関係性」を代数で捉える

$$\varphi_j \circ \varphi_i$$

φ_i \ φ_j	φ_1	φ_2	φ_3	φ_4	φ_5	φ_6
φ_1	φ_1	φ_2	φ_3	φ_4	φ_5	φ_6
φ_2	φ_2	φ_1	φ_6	φ_5	φ_4	φ_3
φ_3	φ_3	φ_5	φ_1	φ_6	φ_2	φ_4
φ_4	φ_4	φ_6	φ_5	φ_1	φ_3	φ_2
φ_5	φ_5	φ_3	φ_4	φ_2	φ_6	φ_1
φ_6	φ_6	φ_4	φ_2	φ_3	φ_1	φ_5

乗積表

図4-11

乗積表 G は次のような三つの性質を備えていることがわかる。

(i) 演算で相手を変えない要素がある。

実際、φ_1 はどれに合成しても相手を変えない。すなわち、

$$\varphi_k \circ \varphi_1 = \varphi_k, \quad \varphi_1 \circ \varphi_k = \varphi_k$$

である。これは φ_1 が恒等写像であることと意味が同じである。次は、

(ii) どこからつないでもいい。

きちんというと、次の式が成り立つ。

$$\varphi_i \circ (\varphi_j \circ \varphi_k) = (\varphi_i \circ \varphi_j) \circ \varphi_k$$

つまり、三つの自己1対1写像を合成する場合、最初の二つをつないでそれに三番目のものをつないでも、二番目と三番目のものをつないでおいて、一番目にそれをつないでも同じ、ということである（結局、三つをつなぐことを意味している）。

(iii) 元に戻すことができる。

きちんというと、どの φ_k にもその逆写像 φ_k^{-1} が存在して、合成すると恒等写像にできること。これについては、どれがどれの逆写像であるかをさきほど述べてある。

実は、一つの演算がこれら三つの性質を備えているような代数構造 G を「**群**」と呼ぶ。

つまり、群 G とは、要素と要素の間に演算が定義され、演算結果は G の要素となり、しかも、G の乗積表が上記の (i)(ii)(iii) を備えているようなものになる。

このように、「関係性」という、数学とは無縁に見える概念に対しても、それに固有の見方を導入して、代数を生み出してしまうのだから、数学者の発想というのはとてもユニークなものである。

ところで、第3章で出てきた「可換群」も、「群」の一種である。

たとえば、3元体 F_3 は、足し算についての乗積表を作ると図4-12のようになっている。これは、確かに上記の (i)(ii)(iii) を満たしている。[0] が (i) の「演算で相手を変えない要素」にあたる。(ii) は足し算だから当然成り立つ。(iii) については、[0] を元に戻すのは [0]、[1] を元に戻すのは [2]、[2] を元に戻すのは [1] である。

第4章 「関係性」を代数で捉える

$$[i]+[j]$$

[i] \ [j]	[0]	[1]	[2]
[0]	[0]	[1]	[2]
[1]	[1]	[2]	[0]
[2]	[2]	[0]	[1]

図4-12

　第3章で出てきたホモロジー群も、同じく群の一種であることが確認できる。

　3元体やホモロジー群は、群の仲間だが、「演算において交換法則が成り立つ」というオプションがついているので、特に「可換群」と呼ばれる。一方、自己1対1写像の作る群は、「交換法則」が成り立たないことに特徴がある。たとえば、$X = \{1, 2, 3\}$ の場合、乗積表で見る通り、$\varphi_3 \circ \varphi_2$ は φ_6 だが、$\varphi_2 \circ \varphi_3$ は φ_5 となるので、明らかに $\varphi_3 \circ \varphi_2 \neq \varphi_2 \circ \varphi_3$、となっている。イメージとしては、「靴下を履いてから靴を履く」のと、「靴を履いてから靴下を履く」のとでは結果が違う、ということを想像すればいいだろう。

◆群は何の役にたつのか

　群という代数構造の概念は、19世紀の薄命の天才ガロアによって創造された（ガロアは、44ページにも登場している）。ガロアは群の考えを使って、方程式の「解の公式」について、画期的な定理を証明したのである。これは数学界で300年も解けなかった問題で

あり、劇的なことであった。このことについては、次の第5章で解説する。ガロア以降、群は、20世紀からの数学において欠かせない道具となった。

ここでは、群の非常に変わった応用例だけを紹介するに留めよう。

レヴィ゠ストロースという文化人類学者が、オーストラリアの先住民族の調査を行った。その際、彼らの婚姻関係について、詳細な関係図を作った。この婚姻関係図には独特の法則がある、と感じたレヴィ゠ストロースは、その解明を友人の数学者アンドレ・ヴェイユに依頼したのである。ヴェイユは、可換群の理論を使って、その法則を見事に見抜いたのだそうだ。

ちなみに、ヴェイユというのは、20世紀の偉大な数学者の一人として歴史に名を刻んでいる人である。また、妹のシモーヌ・ド・ヴェイユは、思想家として高名な人である。

第5章
方程式を対称性から見る

　第4章では、関数の発展形としての写像の考え方を解説し、自己1対1写像たちの間に群という代数が生じることを説明した。この章では、それを利用して、方程式に切り込むことにする。具体的には、中学生が教わる「2次方程式の解の公式」を群の観点から見直し、それを中高生が教わらない「3次方程式の解の公式」へと発展させるのである。

　この章の解説を読めば、方程式のなかに「隠れた対称性」が備わっていることが理解できる。そして、それは第4章で解説した自己1対1写像と深く関係することが発見できるだろう。

◆ 2次方程式と解

　2次方程式とは、$a(\neq 0), b, c$ を定数とする、
$$ax^2 + bx + c = 0$$
という形をした方程式だ。ここで、両辺を a で割ってしまえば、x^2 の係数は初めから 1 だとしてよいので、
$$x^2 + bx + c = 0 \quad \cdots ①$$

という形の方程式だけを扱うことにする。

2次方程式の解法は、中学3年生で教わるが、本稿では、発展性も踏まえて、教科書とはちょっと違うアプローチをすることにしよう。

たとえば、次の2次方程式を考える。
$$x^2 + 4x - 12 = 0 \qquad \cdots ②$$
これは①で、$b = 4, c = -12$ としたものである。

この2次方程式は、解 $x = 2$ をもつ。実際、左辺の x に2を代入して計算してみると、
$$2^2 + 4 \times 2 - 12 = 4 + 8 - 12 = 0$$
となって、確かに計算結果は0になる。このような2次方程式の解たちを、あてずっぽうではなく、システマティックに求めるにはどうしたらいいだろうか。

実は、2次方程式には、「2次方程式の解の公式」というのがあって、①の b と c の数値が与えられれば、決まった手順の計算で解をたちどころに求めることができるのである。

◆**解の公式の歴史は古い**

2次方程式は、古代から研究されている（[4]参照）。たとえば、古代エジプトの「パピルス」と呼ばれる本のなかに、「テーベ・パピルス」というのがある。この本には、「二つの正方形の辺の比が4対3で、面積の和が100となるようにせよ」といった問題が掲載されている。大きいほうの正方形の辺の長さを x として素直に立式すれば、2次方程式になる。

第5章　方程式を対称性から見る

　2次方程式の解法が本格的に考えられたのは、紀元前1600年頃のバビロニアだった。バビロニアの最も古い粘土板には、2次方程式の問題が書かれている。たとえば、以下のような問題と解法が記録されているそうだ。「正方形の面積から1辺の長さを引いた値が870であるなら、その正方形の1辺の長さはいくつか」。これを式で書けば、

$$x^2 - x = 870$$

という2次方程式になる。粘土板に記された解法には、本質的には「2次方程式の解の公式」と同じ計算法が用いられている。現代語訳で書くと次のようになる。

「まず1の半分を取る。これは、0.5である。0.5と0.5を掛けると0.25になる。これを870に加えると870.25になる。これは29.5の2乗である。この29.5に0.5を加えると30になる。これが、求める正方形の1辺の値である」。

　実際、$30^2 - 30 = 870$ だから、ちゃんと解になっている。こんなはるか昔に「解の公式」の類似物が知られていたことは驚異的なことだ。

　ただ、エジプトやバビロニアでは文字式による数式の表現がなかったのと、負の数を認識できなかったため、現在のような形で「解の公式」を与えることはできなかった。

　完全な2次方程式の解法を与えたのは、7世紀頃のインドの天文学者ブラマグプタや12世紀の天文学者

バスカラであった。これらのインド数学の偉業は、「2次方程式には解が二つある」ということを認めた、ということである。「解が二つある」という認識に到達できたのは、「負の数」の存在を理解できたからだ。インド数学以前には、係数を正数に限定するしかないために方程式を分類して解かねばならず、「解の公式」は非常に面倒なものであった。

◆2次方程式の解き方

それでは2次方程式の解法の原理を与えることにしよう。再び②を取り上げる。

$$x^2 + 4x - 12 = 0 \quad \cdots ②$$

ここでは、**チルンハウス変形**という「方程式のずらし方」を利用する。チルンハウスとは、この方法を提示した数学者の名前だ。

まず、x の係数4を半分にした2を y から引いたものを、x に代入する。すなわち、$x = y - 2$ を②に代入する。すると、

$$(y-2)^2 + 4(y-2) - 12 = 0$$

となる。これを $(a-b)^2 = a^2 - 2ab + b^2$ の公式を用いて展開して、整理すれば、

$$(y^2 - 4y + 4) + (4y - 8) - 12 = 0$$
$$y^2 - 16 = 0 \quad \cdots ③$$

という y についての2次方程式が得られる。③に1次の項がなくなっている（①で $b = 0$ となったということ）のがミソ。ここで、$16 = 4^2$ だから、因数分解公

式 $a^2 - b^2 = (a-b)(a+b)$ を使うと、③は、

$$(y-4)(y+4) = 0 \quad \cdots ④$$

と因数分解できる。0でない2数を掛けて0を作ることはできないから、「掛けて0なら一方は0」が成り立つ（これは、第1章29ページでイデアル (0) が素イデアルであることを説明するときにも述べた原理だ）。したがって、④が成り立つのは、

$$(y-4) = 0 \text{ か } (y+4) = 0 \text{ かの場合のみ}$$

であるから、③の解は、

$$y = 4, \text{ または, } y = -4$$

と求まる。y から2を引くと、もとの方程式の解である、すなわち、$x = y - 2$ だったことを思い出せば、

$$x = 2, -6$$

が②の解となる。つまり、2次方程式②にはちょうど2個の解があって、それは2と-6だということがわかった。

ところで、$x = y - 2$ だから $y = x + 2$ である。④の左辺の y に $x + 2$ を代入してみよう。

$$(x+2-4)(x+2+4) = (x-2)(x-(-6))$$

という因数分解が得られる。これから、方程式②の左辺は、x から解を引いた式で因数分解される、ということがわかった。このことは一般に成り立つので、法則としてまとめておくことにしよう。

---〈解による因数分解の原理〉---

2次方程式は、解によって、
$$(x - [一方の解])(x - [他方の解]) = 0$$
という形に表現できる。

◆特殊な解の2次方程式

2次方程式をきわめるために、特殊な2次方程式の解も調べよう。
$$x^2 + 4x - 1 = 0 \quad \cdots ⑤$$
はどうだろうか。同じように、$x = y - 2$ を代入してチルンハウス変形すると、
$$y^2 - 5 = 0$$
となる。この場合、5 は平方数ではないが、平方根を使えば、$5 = \sqrt{5}^2$ と表すことができるから、同じように、
$$(y - \sqrt{5})(y + \sqrt{5}) = 0$$
と因数分解できる。したがって、
$$y = \sqrt{5}, \text{または}, y = -\sqrt{5}$$
であるから、⑤の二つの解は、
$$x = \sqrt{5} - 2, -\sqrt{5} - 2$$
と求まる。これは、$\sqrt{5}$ という無理数が混入した解となっている。

次の例は、高校で初めて教わるものである。
$$x^2 + 4x + 8 = 0 \quad \cdots ⑥$$
これも、$x = y - 2$ を代入してチルンハウス変形すると、

$$y^2 + 4 = 0$$

となる。y が実数（数直線上の数）の場合、y^2 は必ず 0 以上の数なので、左辺 $y^2 + 4$ はプラス。したがって、$y^2 + 4 = 0$ を満たす y は実数の範囲には存在しない。つまり、実数の範囲で見るかぎり、「解なし」となってしまう。

しかし、数学者は、「2乗して－1になる」という「架空の数」を導入して、⑥の解を求められるようにした。この「架空の数」を**虚数単位**と呼び、i と記す。虚数単位 i は、$i^2 = -1$ を満たす数（二つあるものの任意の一方）である。これを使えば、

$$y^2 + 4 = 0 \to y^2 - 4 \times (-1) = 0 \to y^2 - 4i^2 = 0 \quad \cdots ⑦$$

と変形できることから、

$$(y - 2i)(y + 2i) = 0$$

と因数分解でき、

$$y = 2i, \text{ または}, \quad y = -2i$$

となって、⑥は虚数解、

$$x = 2i - 2, \quad -2i - 2$$

をもつとわかる。$2i - 2$ のような虚数単位の入った数は「**複素数**」と呼ばれる。先ほど、さりげなく、「2乗して（－1）となる数は2個あり、その任意の一方を、i と記す」と説明した。しかし、このことは、非常に重要なことを示唆している。なぜなら、「任意の一方」としか記述しようがないからである。この理屈が、本章で重要な役割を果たすことをご記憶いただきたい。

ところで、今の段階では、複素数は「お化けのよう

な数」であるが、第6章で、この数を「実在化」させる数学者の方法論を紹介する。

◆解の公式を導く

チルンハウス変形の原理を使えば、最初の2次方程式
$$x^2 + bx + c = 0 \quad \cdots ①$$
を文字bとcのままで解いて、「解の公式」を求めることができる。「解の公式」というのは、係数bとcを与えられれば、決まった手順で解を計算できる万能の解法のことである。それは、解をbとcだけで表現できればいい。

$x = y - \dfrac{b}{2}$ を代入して、チルンハウス変形すると、
$$y^2 - \frac{b^2}{4} + c = 0 \rightarrow y^2 - \frac{b^2 - 4c}{4} = 0 \quad \cdots ⑧$$
となる。ここで2項めの分子$b^2 - 4c$を方程式①の判別式と呼び、Dという記号で書く（Dはdiscriminantの D）。

左辺を因数分解したいが、そのために、次のような約束が必要になる。すなわち、Dが0以上のときには、$\sqrt{D}$はそのままDの0以上の平方根とする。たとえば、$D = 2$ならば、$\sqrt{D} = \sqrt{2}$である。Dが負のときには、$\sqrt{D}$は、$\sqrt{|D|}i$つまり、Dの絶対値（マイナス記号を削除した数）の正の平方根に虚数単位iを掛けたものと定義する。たとえば、$D = -4$なら、$|D|$は4で、$\sqrt{D} = 2i$である。このように定義すると、⑧式は、

第5章　方程式を対称性から見る

$$y^2 - \left(\frac{\sqrt{D}}{2}\right)^2 = 0$$

と書き換えることができる（Dの符号で場合分けして$\sqrt{D}$を定義したことから、どちらの場合も左辺が引き算となるところがミソ）。

$$\left(y - \frac{\sqrt{D}}{2}\right)\left(y + \frac{\sqrt{D}}{2}\right) = 0$$

と因数分解できる。これからyを求めて、それらをxに戻すことで、

〈2次方程式の解の公式〉

$$x = -\frac{b}{2} + \frac{\sqrt{D}}{2},\ -\frac{b}{2} - \frac{\sqrt{D}}{2} \quad \cdots (*)$$

（ただし、$D = b^2 - 4c$）

が得られる。この公式から、解がシステマティックに導けることは、解の公式を次のようにステップ分けして手順を記述すれば、明らかだろう。

〈解を導く手順〉

ステップ１：　bとcを与えられる。

ステップ２：　判別式$D = b^2 - 4c$を計算する。

ステップ３：　Dが０以上なら、$\sqrt{D}$を計算する。Dが負なら$\sqrt{|D|}i$を計算する。

ステップ４：$-\dfrac{b}{2}$を計算する。

ステップ５：ステップ４の数からステップ３の数を引くと一方の解、ステップ４の数にステップ３の数を加えると他方の解が得られる。

◆ 2次方程式はなぜ解けるのか？

これで、2次方程式の解の公式を導くことに成功した。ところで、解の公式が存在するのは、どういう理由からなのだろうか？ これはとても重要な問いなのだ。なぜなら、それがわかれば、もっと高次の、3次方程式、4次方程式、5次方程式などの解の公式にもアプローチできるかもしれないからだ。

この問いに答えるために、2次方程式①の解を α と β という文字で書くことにしよう。102ページで解説した「解による因数分解」によって、①の左辺は、

$$x^2 + bx + c = (x - \alpha)(x - \beta)$$

と因数分解される。この右辺を展開して整理すると、

$$x^2 + bx + c = x^2 + (-\alpha - \beta)x + \alpha\beta$$

となるので、

$$b = -(\alpha + \beta), \ c = \alpha\beta \quad \cdots (**)$$

とわかる。つまり、2次方程式の x の係数は二つの解の和を (-1) 倍した数となり、定数項は二つの解の積となっている、ということだ。

このことを前提として、解の公式 $(*)$ を詳しく分析してみよう。

まず、解の公式 $(*)$ に現れる判別式、

$$D = b^2 - 4c$$

が何であるかを見てみる。この式に上記の $(**)$ を代入し、D と解との関係を調べる。

$$\begin{aligned} D &= b^2 - 4c \\ &= (-(\alpha + \beta))^2 - 4\alpha\beta \end{aligned}$$

$$= \alpha^2 + 2\alpha\beta + \beta^2 - 4\alpha\beta$$
$$= \alpha^2 - 2\alpha\beta + \beta^2$$
$$= (\alpha - \beta)^2$$

となる。つまり、判別式 D は、「解の差の2乗」になる、ということ。これがわかると、解の公式(*)がなぜ、解を自動的に導くのかが「目に見える」ようになる。

まず、D が0以上である場合を考える。

このとき、$\sqrt{D}$ と $-\sqrt{D}$ は、一方が $(\alpha - \beta)$ で他方が $(\beta - \alpha)$ になる(両者が (-1) 倍の関係にあることに注意しよう)。(**)から、

$$-b = \alpha + \beta$$

だから、公式(*)における一方の計算は、

$$\frac{\alpha + \beta}{2} + \frac{\alpha - \beta}{2} = \alpha \quad \cdots ⑨$$

となり、他方の計算は、

$$\frac{\alpha + \beta}{2} + \frac{\beta - \alpha}{2} = \beta \quad \cdots ⑩$$

となる。見てわかる通り、公式(*)は、確かに一方が解 α を、他方が解 β を導いている。

D が負の数の場合は、少しデリケートな分析が必要だ。たとえば、$D = -16$ としてみよう。もちろん、$D = (\alpha - \beta)^2$ となるのは同じだから、$(\alpha - \beta)^2 = -16$ である。したがって、

$(\alpha - \beta)^2 - (4i)^2 = 0$ から、$\alpha - \beta = 4i$,
または、$-4i$

がわかる。これは、ちゃんと$\sqrt{|D|}i$と$-\sqrt{|D|}i$の組み合わせになっている。つまり、Dが負の場合にも、$\sqrt{D}$と$-\sqrt{D}$は、一方が$(\alpha-\beta)$で他方が$(\beta-\alpha)$、という関係が成り立つので、さっきの⑨⑩の議論がそのまま通用する。

さて、⑨⑩の計算をじっくり観察すると、次のことが見えてくる。

(観察1) 解の差の2乗$(\alpha-\beta)^2$は方程式①の係数bとcだけから計算される判別式Dである。

(観察2) 判別式Dの平方根は、2通りの解の引き算、$(\alpha-\beta), (\beta-\alpha)$、となる。

(観察3) 解の和$(\alpha+\beta)$と、解の差$(\alpha-\beta)$、の平均によって解αが導出される。

実は、以上の三つの観察が、解の公式の本質を言い当てており、3次以上の高次方程式にも応用可能なものとなっているのだ。

まず、(観察1)が重要である。注目する点は、解の公式というのが存在するとすれば、それは解に関する対称性を備えていなければならない、ということだ。

実際、公式(**)を眺めればわかるように、二つの解について、どっちがαでどっちがβであっても、なんら変化はない。とりわけ、虚数単位の説明を読み

第5章 方程式を対称性から見る

直せばわかるように、虚数単位 i は2乗して-1になる2数のどちらを i としたかが、原理的に特定され得ない。したがって、α としていたものを β と書き換え、逆に β と書いていたものを α と書き換えても、同じ結果を導かなければならないはずである。この書き換えは、第4章の「写像」という概念を使うと、解の集合 $X = \{\alpha, \beta\}$ から X 自身への写像 φ が、図5-1のように定義できる。

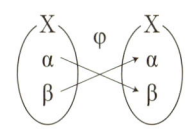

図5-1

このとき、解の公式は、「**自己1対1写像 φ に関する不変性**」を持っていなければならない。すなわち、「解を入れ替えても、解の公式には何の変化も起きない」という性質である。

実際、2次方程式の場合には、判別式 $D = (\alpha - \beta)^2$ は、以下のように、この自己1対1写像 φ に関して不変である。つまり、α と β を入れ替えても D は変わらない。

$$(\varphi(\alpha) - \varphi(\beta))^2 = (\beta - \alpha)^2 = (\alpha - \beta)^2 = D$$

図5-2を参照のこと。

$$D = (\alpha - \beta)^2$$
$$\downarrow \varphi \downarrow$$
$$\varphi \underset{}{\overset{}{(\beta - \alpha)^2 = D}}$$

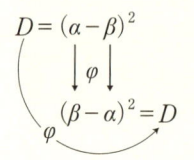

図5-2

　他方、(観察2)と(観察3)は、「解の公式が得られるためには、解たちを使った1次式が出現するとよい」と教えてくれる。2次方程式の場合には、⑨⑩のように和と差を加え合わせる、いわゆる算数の「和差算」の形が出現するわけである。まとめると、解の公式の本質は、

(i) 　判別式
(ii) 　解の並べ換えを表す自己1対1写像 φ に関する不変性
(iii) 　解たちで作った1次式

ということだ。

　これらの「本質性」を深く追求すると、3次方程式の解の公式や4次方程式の解の公式の存在を教えてくれる。また、5次以上の方程式には、解の公式が存在しないことも教えてくれるのである。以下、3次方程式の分析に移ることとしよう。

◆ 3 乗根は三つある

3次方程式の解の公式を理解するための道具として、まず、次の基本的な展開・因数分解公式を紹介しておこう。

$$(a+b)^3 = a^3 + 3a^2b + 3ab^2 + b^3 \quad \cdots ⑪$$
$$a^3 - b^3 = (a-b)(a^2+ab+b^2) \quad \cdots ⑫$$

さて、最初に必要となるのが「3乗根」の知識だ。2次方程式の解に2乗根（平方根）が現れたように、3次方程式には3乗根が現れるからである。

3乗根には、平方根とは根本的に異なるところがある。それは、最初から虚数（複素数）が避けられない、ということだ。平方根では虚数は「特別なケース」として登場した（103ページ）が、3乗根では虚数は「普通に」現れるのである。

まず、「1の3乗根」を解説しよう。それは、

$$x^3 = 1 \quad \cdots ⑬$$

を満たす数のことである。

もちろん、$x=1$ は⑬の解となるが、ほかに二つ解がある。それを求めるには、因数分解公式⑫を利用する。$x^3 - 1 = 0$ と変形して、

$$左辺 = x^3 - 1 = (x-1)(x^2+x+1)$$

から、1以外の解は2次方程式、

$$x^2 + x + 1 = 0$$

の解であることがわかる。この解を先ほどの「2次方程式の解の公式」で求めよう。

$$判別式 D = 1^2 - 4 \times 1 = -3$$

だから、虚数解となる。Dの平方根、$\sqrt{D}$と$-\sqrt{D}$は、$|D|=3$から、

$$\sqrt{3}i,\ -\sqrt{3}i$$

だから、解は、

$$-\frac{1}{2}+\frac{1}{2}\sqrt{3}i,\ -\frac{1}{2}-\frac{1}{2}\sqrt{3}i$$

の二つとなる。数学では前者をωと記す。前者をωと記すと後者は自動的にω^2となる。実際、

$$\omega^2 = (-\frac{1}{2}+\frac{1}{2}\sqrt{3}i)^2$$

$$= \frac{1}{4}-\frac{1}{2}\sqrt{3}i+\frac{3}{4}i^2$$

に対して、$i^2=-1$を代入すれば確かに後者になる。つまり、⑬の解は、

$$1,\ \omega,\ \omega^2$$

の三つというわけなのだ。これらを「1の3乗根」と呼ぶ。

これを利用して一般の数の3乗根を求めよう。たとえば、27の3乗根は、$27=3^3$であることから簡単に求まる。

$$x^3 = 27$$

を両辺を27で割って、次のように変形する。

$$(\frac{x}{3})^3 = 1$$

これは方程式⑬と同じ形の方程式だから、この解は1の3乗根を利用して、

$$\frac{x}{3} = 1,\ \omega,\ \omega^2$$

と求められる。したがって、3倍することによって、解は、

$$3,\ 3\omega,\ 3\omega^2$$

の三つであるとわかる。一般の数 a(実数でも虚数でも良い)に対して、a の3乗根を求めるには、

$$x^3 = a$$

の三つの解を求めればいいわけだが、そのなかの一つを $\sqrt[3]{a}$ と記すなら、解は、

$$\sqrt[3]{a},\ \sqrt[3]{a}\,\omega,\ \sqrt[3]{a}\,\omega^2$$

と表すことができる。要するに、一般の3乗根は1の3乗根に同一数を乗じたものということである。

◆3次方程式のチルンハウス変形

3次方程式は、一般には、

$$ax^3 + bx^2 + cx + d = 0 \qquad (a \neq 0)$$

という形をしている。しかし、両辺を a で割ってしまえば、初めから、

$$x^3 + bx^2 + cx + d = 0$$

という形だとしても一般性を失わない。さらには、前にも出てきたチルンハウス変形をすると、もっと簡易化することができる。$x = y - \dfrac{b}{3}$ を代入すれば、

$$(y - \frac{b}{3})^3 + b(y - \frac{b}{3})^2 + c(y - \frac{b}{3}) + d = 0$$

これを展開すると

$$y^3 + Ay + B = 0 \quad \cdots ⑭$$

という形になる（y^2の項は二つ出てくる。一つは、最初の項に展開公式⑪を使って出てくる$-by^2$で、もう一つは第2項を展開して出てくるby^2。これらが打ち消しあうのでy^2の項はなくなる）。つまり、この方程式⑭が解ければいいのである。次に、3次方程式⑭の解α, β, γと、係数AとBとの関係を求めておく。106ページと同じく、方程式⑭の左辺は解を使って、

$$y^3 + Ay + B = (y-\alpha)(y-\beta)(y-\gamma) \quad \cdots ⑮$$

と因数分解される。このことをきちんと証明することは難しくはないが、直観的にも理解できることなので、省略しよう。この右辺が、

$$(y-\alpha)(y-\beta)(y-\gamma)$$
$$= y^3 - (\alpha + \beta + \gamma)y^2 + (\alpha\beta + \beta\gamma + \gamma\alpha)y$$
$$- \alpha\beta\gamma \quad \cdots ⑯$$

と展開されることから、⑮と⑯を比較して、

$$0 = -(\alpha + \beta + \gamma) \quad \cdots ⑰$$
$$A = \alpha\beta + \beta\gamma + \gamma\alpha \quad \cdots ⑱$$
$$B = -\alpha\beta\gamma \quad \cdots ⑲$$

が得られる。これを「3次方程式の解と係数の関係」と呼ぶ。注目したいことは、⑰⑱⑲は、どれもα, β, γに関して対称性を持っており、α, β, γのどれかとどれかを入れ替えても何ら式に影響がない、ということだ。これは、方程式の解というのが代数的には甲乙つけて区別することができない、ということを意味していて、代数学の基本となる見方なのである。

◆3次方程式にも判別式がある

 2次方程式の解の公式で重要な役割を演じたのが判別式 D だった。3次方程式でもこの事情は同じ。つまり、3次方程式にも判別式が存在するのである。

 まず2次方程式
$$x^2 + bx + c = 0$$
の判別式 D が、係数 b と c の式として、
$$D = b^2 - 4c$$
と表され、さらには解 α, β によって、
$$D = (\alpha - \beta)^2$$
と表せたことを思い出そう（106～107ページ）。

 同じように、3次方程式⑭の判別式は、解 α, β, γ によって、
$$\Delta = (\alpha - \beta)^2 (\beta - \gamma)^2 (\gamma - \alpha)^2 \quad \cdots ⑳$$
と定義される。ここで Δ は、ギリシャ文字で「デルタ」と発音する。解の差の2乗で作られていることは2次方程式と同じだが、解が三つあるためにこのような形になるのだ。

 この式は、解と係数の関係⑰⑱⑲を利用すれば、次のように係数だけで表すことができる。
$$\Delta = -4A^3 - 27B^2 \quad \cdots ㉑$$
⑳と㉑が一致することは、㉑に⑱⑲を代入してさらに⑰を利用すればわかるが、紙面を大幅にさかなければならないのでここでは省略する。

◆3次方程式の解の公式はこれだ

実は3次方程式⑭には次のような解の公式が知られている。

---〈3次方程式の解の公式〉---

$$x^3 + Ax + B = 0$$

の三つの解は、判別式

$$\Delta = -4A^3 - 27B^2$$

に対して、2数 u と v を

$$u = \sqrt[3]{\frac{-B}{2} + \sqrt{\frac{-\Delta}{4 \cdot 27}}}, \quad v = \sqrt[3]{\frac{-B}{2} - \sqrt{\frac{-\Delta}{4 \cdot 27}}}$$

と定義し、それを利用して次の三つのように表現できる。

$$u + v, \ \omega u + \omega^2 v, \ \omega^2 u + \omega v$$

ただし、u と v における3乗根は三つあるなかの一つを選べばよい。

また、ω は1の3乗根。

これが確かに解の公式になっていることを簡単な例で確かめてみよう。112ページで扱った27の3乗根を求める方程式、

$$x^3 - 27 = 0$$

の場合、$A = 0, B = -27$ だから、判別式は、

$$\Delta = -4A^3 - 27B^2 = -27^3$$

したがって、u の3乗根の中身は、

$$\frac{27}{2} + \sqrt{\frac{27^3}{4 \cdot 27}} = \frac{27}{2} + \sqrt{\frac{27^2}{4}} = \frac{27}{2} + \frac{27}{2} = 27$$

27の3乗根の1つである3をとって、$u=3$

同様に、vの3乗根の中身は、

$$\frac{27}{2}-\sqrt{\frac{27^3}{4\cdot 27}}=\frac{27}{2}-\sqrt{\frac{27^2}{4}}=\frac{27}{2}-\frac{27}{2}=0$$

0の3乗根は0のみだから、$v=0$

以上から、三つの解は、

$$u+v=3,\ \omega u+\omega^2 v=3\omega,\ \omega^2 u+\omega v=3\omega^2$$

となり、ちゃんと解が求まっている。

おもしろいのは、uを求めるときに、ほかの3乗根を選んでもよい、ということだ。たとえば、3ではなく、3ωを選んだ場合は、3解は、

$$u+v=3\omega,\quad \omega u+\omega^2 v=3\omega^2,\quad \omega^2 u+\omega v=3\omega^3$$

となる。ωは1の3乗根であったことから$\omega^3=1$であるから、最後の解は3となり、結局はさっきと同じ3解が得られている。

この3次方程式の解の公式は、16世紀のイタリアで発見された。発見したのは、フォンタナやデル・ファッロという数学者たちで、発見には非常におもしろい秘話があるのだが、ここでは触れないで先に進むこととしよう(興味ある人は、[4]を参照のこと)。

◆解の公式のからくりは？

それでは、(3次方程式の解の公式)で、どうして解が求まるのか、そのからくりについて解説することとしよう。

まず、結論をさくっと言ってしまう。

解の公式の3乗根の中身は、⑲式と⑳式とから、解 α , β , γ の式で表すことができる。たとえば u のほうは、

$$u = \sqrt[3]{\frac{\alpha\beta\gamma}{2} + \sqrt{\frac{-(\alpha-\beta)^2(\beta-\gamma)^2(\gamma-\alpha)^2}{4\cdot 27}}} \quad \cdots ㉒$$

のようになるが、3乗根を適切に選ぶと、

$$u = \frac{1}{3}\alpha + \frac{1}{3}\omega^2\beta + \frac{1}{3}\omega\gamma \quad \cdots ㉓$$

と簡単に整理できてしまう。同様に、v のほうも、3乗根を適切に選ぶと、

$$v = \frac{1}{3}\alpha + \frac{1}{3}\omega\beta + \frac{1}{3}\omega^2\gamma$$

と表せる。すると、

$$u+v = \frac{2}{3}\alpha + \frac{1}{3}(\omega^2+\omega)\beta + \frac{1}{3}(\omega^2+\omega)\gamma$$

となる。ここで1の3乗根 ω が、$x^2+x+1=0$ の解であったことを思い出せば、$\omega^2+\omega=-1$ とわかる。また、⑰から、$-\beta-\gamma=\alpha$ だから、これらを上に代入すると、

$$u+v = \frac{2}{3}\alpha - \frac{1}{3}\beta - \frac{1}{3}\gamma = \frac{2}{3}\alpha + \frac{1}{3}\alpha = \alpha$$

確かに解 α が求まっている。ほかの二つについてもやってみると、

$$\omega u + \omega^2 v$$
$$= \omega\left(\frac{1}{3}\alpha + \frac{1}{3}\omega^2\beta + \frac{1}{3}\omega\gamma\right)$$

第5章　方程式を対称性から見る

$$+ \omega^2(\frac{1}{3}\alpha + \frac{1}{3}\omega\beta + \frac{1}{3}\omega^2\gamma)$$

$$= \frac{1}{3}(\omega + \omega^2)\alpha + \frac{1}{3}(\omega^3 + \omega^3)\beta$$

$$+ \frac{1}{3}(\omega^2 + \omega^4)\gamma$$

$$= -\frac{1}{3}\alpha + \frac{2}{3}\beta - \frac{1}{3}\gamma = \beta$$

とうまいこと、解βが出る。同様に、

$$\omega^2 u + \omega v = \gamma$$

も求まる。

ポイントは㉒から㉓が導けることにあるのだが、これはけっこうしんどい計算になるので、読者はこれを信用して先に進んでほしい。

ここでは、「なぜ、こんなうまいこといくのか」についてイメージ的に解説したい。上記を観察すると、2次方程式のときと同じく、

(i)　判別式
(ii)　解の並べ換えを表す自己1対1写像に関する不変性
(iii)　解たちで作った1次式（たとえば㉓）

が関わっていることが観察できる。(i)(iii)は明らかだから、(ii)について見てみよう。

㉒式の右辺の3乗根の中身は、平方根のところを処

理すれば、

$$\theta = \frac{\alpha\beta\gamma}{2} \pm \frac{i}{6\sqrt{3}}(\alpha-\beta)(\beta-\gamma)(\gamma-\alpha)$$

と書ける（平方根の選び方によって（＋）のほうになったり、（－）のほうになったりする）。θは「シータ」と発音する。今、写像φを、αをβに、βをγに、γをαにする「解の入れ替え」の自己1対1写像としよう。

$$\varphi : \alpha \to \beta, \beta \to \gamma, \gamma \to \alpha$$

この自己1対1写像で解を入れ替えたときのθの値を記すことにし、それを計算する。

$$\varphi(\theta) = \frac{\beta\gamma\alpha}{2} \pm \frac{i}{6\sqrt{3}}(\beta-\gamma)(\gamma-\alpha)(\alpha-\beta)$$

となる（図5-3）。

$$\theta = \frac{\alpha\beta\gamma}{2} \pm \frac{i}{6\sqrt{3}}(\alpha-\beta)(\beta-\gamma)(\gamma-\alpha)$$

$$\varphi(\theta) = \frac{\beta\gamma\alpha}{2} \pm \frac{i}{6\sqrt{3}}(\beta-\gamma)(\gamma-\alpha)(\alpha-\beta) = \theta$$

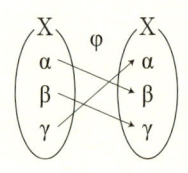

図5-3

よく眺めると、解はじゅんぐりに入れ替わっているものの、これは結果的にθとまったく同じ値となって

いる。つまり、
$$\varphi(\theta) = \theta$$
ということ。

他方、㉓式
$$u = \frac{1}{3}\alpha + \frac{1}{3}\omega^2\beta + \frac{1}{3}\omega\gamma$$
に写像 φ をほどこしてみよう。
$$\varphi(u) = \frac{1}{3}\beta + \frac{1}{3}\omega^2\gamma + \frac{1}{3}\omega\alpha$$
となるが、これは、$\omega^3 = 1$ に注意すれば、
$$\varphi(u) = \omega\left(\frac{1}{3}\alpha + \frac{1}{3}\omega^2\beta + \frac{1}{3}\omega\gamma\right) = \omega u$$
とわかる。つまり、u に写像 φ をほどこすと ω 倍になることが判明した。このことから
$$\varphi(u^3) = (\omega u)^3 = \omega^3 u^3 = u^3$$
がわかる。

さらには、このような u^3 は係数 A、B の多項式に平方根をつけた形の数、つまり、θ のような数で表せることが証明されているのである（詳しくは、[5][6] を参照のこと）。このことは、18〜19世紀に活躍した数学者ラグランジュが発見した。この発見を一般化させたのがこれまで二度ほど登場した19世紀フランスの数学者ガロアだ。ガロアは、この一般化を19歳で発見し、「5次以上の方程式には解の公式が存在しない」ことを証明した。これは、300年以上も未解決の問題だった。

今のことを別の角度から見てみよう。

解 α, β, γ を入れ替える自己1対1写像は、全部で6通りある（92ページで解説したのと同じもの）。列挙すると、

$\varphi_1: \alpha \to \alpha, \beta \to \beta, \gamma \to \gamma$

$\varphi_2: \alpha \to \beta, \beta \to \gamma, \gamma \to \alpha$

　　　　（前々ページで φ と書いたもの）

$\varphi_3: \alpha \to \gamma, \beta \to \alpha, \gamma \to \beta$

$\varphi_4: \alpha \to \beta, \beta \to \alpha, \gamma \to \gamma$

$\varphi_5: \alpha \to \alpha, \beta \to \gamma, \gamma \to \beta$

$\varphi_6: \alpha \to \gamma, \beta \to \beta, \gamma \to \alpha$

判別式 Δ は、これら6個の自己1対1写像で不変である。ガロアの理論から、そういう数は係数 A と B と有理数から計算される数であることが示される。

次に、$\{\varphi_1, \varphi_2, \varphi_3\}$ は群を成す。群の定義は94ページにあるが、6個全部ではなく、この三つだけでも群になるのである（部分群と呼ばれる）。これらの自己1対1写像で u の中身や v の中身は不変となる。また、残る $\varphi_4, \varphi_5, \varphi_6$ では、θ のなかにある±が入れ替わる（u の中身と v の中身が入れ替わる）。このような θ は、係数 A, B と平方根から計算できることがガロアの理論からわかる。また、$\{\varphi_1, \varphi_2, \varphi_3\}$ のような群があると $\varphi_2(u) = \omega u$ となる解にまつわる1次式 u が存在することも示されている。このような写像の作る群と、方程式にまつわる計算との不変性や対称性との関係から、解の公式の存在・非存在が決まる

第5章　方程式を対称性から見る

ことをガロアが発見した、というわけなのだ。もちろん、これらのことを厳密に証明するためには、本一冊分ぐらいの積み上げが必要となる([4] [5] [6] などを参照のこと)。

◆方程式と対称性

　いろいろ複雑な計算を経由する説明をしてきたので、最後に直観的なまとめを書いておくことにしよう。

　2次方程式にも3次方程式にも解の公式がある。解説しなかったが、4次方程式にも解の公式がある。これらの解の公式は、判別式というものが深く関わっている。そして、判別式は解に関するある種の対称性をもっている。

　そもそも、解の公式が存在するためには、解たちに関して対称な計算が成されなければならない。なぜなら、もともと解というのは甲・乙と名前を付けて区別することはできず、代数的にはうり二つの存在だからである。

　それゆえ、解の公式には、「解を入れ替えても保存されるような計算である」ことと、「平方根や3乗根などのべき乗根がほどけて1次式になる」ことの二つの条件が効いてくる。これらのことが可能か不可能かは、解を入れ替える自己1対1写像の作る群の素性と深く関わっている。

　以上の直観を深めたガロアは、このようなことが可

能なのは4次までで、5次以上になると不可能になることを証明することに成功したのである。このことは、単に解の公式に関する問題を解決した、ということにとどまらず、数世界の持つ深い性質を見出すには、群という概念が強力な武器となることを教えてくれた。20世紀、21世紀の数学は、「群論的な見方」によって、広い知見を得ているのである。

第6章
整数と多項式は同じ

　多項式の計算は、一部は中学で主には高校で教わるものである。多くの高校生は、なぜこんな面倒な計算を学ばねばならないのか、疑問に思ったことだろう。日常生活に役立たないばかりでなく、大学入試にさえ大した有用性がないからである。

　確かに、高校までの勉強で言えば、多項式の計算は単なる計算規則の修練にすぎない。しかし、先端の数学の立場から見れば、まったく結論は逆転する。多項式の世界は現代数学では、非常に重要なアイテムなのである。それは一言で言えば、多項式の作る世界は、整数の世界の性質をさぐる意味で非常に示唆的だ、ということである。もう少し詳しく言うと、1変数の多項式の世界は、整数とそっくりな面をもち、2変数以上の多項式の世界には、整数の世界を一般化させた、さらに豊かな性質が備わっているということである。

◆多項式の加減乗除
　xを変数とする1変数の多項式の計算は、一部、中

学で習うが、基本的なことは高校になってから教わる。ここで、x を変数とする1変数の多項式として、係数が分数（有理数）になっているものも認めることとし、本章ではこれらを単に「**多項式**」と呼ぶこととしよう。多項式について大切なことは、以下の二つ。

---〈**多項式のポイント**〉---
* 足し算、引き算、掛け算ができる。
* 割り算によって、商と余りが出せる。

ひとつめの足し算、引き算、掛け算というのは、教科書的には「式の整理」というやつだ。特に掛け算は、「式の展開」と呼ばれる技術である。これは、いわゆる分配法則を駆使すればできる。一つだけ簡単な例を出せば、

$$(3x^2 + x + 2)(x + 5)$$
$$= (3x^2 + x + 2)x + (3x^2 + x + 2)5$$
$$= (3x^3 + x^2 + 2x) + (15x^2 + 5x + 10)$$
$$= 3x^3 + 16x^2 + 7x + 10$$

加減乗に比べて、割り算は少しわかりづらい計算になる。それは、整数に対して割り算を学んだときと同じ困難を伴うからだ。たとえば、$13 \div 3$ には二通りの考え方があった。最初は、小学校中学年のとき、$13 \div 3$ の結果は「商4、余り1」と習った。これは、整数の範囲で商を出すような割り算だった。次には、小学校高学年のとき、結果が「分数 $\frac{13}{3}$」だと教わった。これは、分数（有理数）という新しい数世界に商

を求めたもの。

多項式に対しても、まったくこれと対応するものがある。以下、「割って、商と余りを出す」計算のほうだけを解説する。

◆多項式の割り算

13÷3は、「13から3を引けるだけたくさん引く」という計算を意味していた。これを言い換えると、「3の倍数で13にもっとも大きさが近づくものを見つける」ということと同じだ。それは、3×4＝12。つまり、「13からは3をぎりぎりで4回引くことができ、その結果、余るのは1」ということ。これで「商が4、余り1」という結果が得られた（図6-1）。

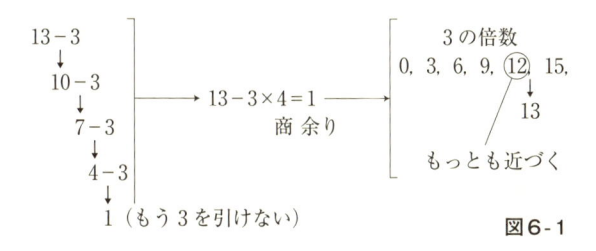

図6-1

多項式についてもこれと同じことができる。

つまり、多項式 A と B があるとき、B を A で割った商と余りは、「B に A の倍数をできるだけ近づけて、それを引き算する」ということである。つまり、「多項式 A に多項式 Q を掛け算してできる A の倍数 AQ

のなかで、Bにもっとも近づくものを引く」のである。

問題は、「もっとも近づく」ということをどう定義するか。整数には「大小関係」があるので、差が0にもっとも近づいたものでよかった。多項式の場合はどう考えたらいいだろうか。

多項式の場合は、「次数（現れるx^kでもっとも大きなk）」を「大小関係」の代わりに使うこととしよう。多項式FとGの「近さ」を、引き算した多項式$(F-G)$が何次式になるか、その「次数」で決めようということである。たとえば、図6-2を見てみよう。

$$\begin{array}{c} \overbrace{}^{\text{4次以上が一致}} \\ F = x^5+3x^4-2x^3+x^2+4x-5 \\ G = x^5+3x^4-4x^3+2x^2+4x-7 \\ F = x^5+3x^4-2x^3+x^2+4x-5 \\ H = x^5+3x^4-2x^3+3x^2+2x-5 \\ \underbrace{}_{\text{3次以上が一致}} \end{array}$$

HのほうがGよりFに近い　　　　**図6-2**

FとGは4次以上の項が全部一致しており、FとHは3次以上の項が全部一致している。したがって、一致している部分が多いので、HのほうがGよりFに近いとみなせる。このことは、$(F-G)$が3次式、$(F-H)$が2次式だから、差の多項式の次数が低いほうが近い、としても同じである。

つまり、以下のように「**多項式の近さ**」を定義すればいいとわかる。

第6章　整数と多項式は同じ

―〈多項式の近さ〉――――――――――――――
多項式 H のほうが多項式 G より多項式 F に近い
$\Leftrightarrow (F-G)$ の次数 $>(F-H)$ の次数

これを利用すれば、整数と同じく、多項式にも「割って余りを出す」という計算が定義できる。

―〈多項式の除法の基本原理〉―――――――――
A, B は多項式で A は 0 でないとする。このとき、A の倍数 AF のなかで B にもっとも近いものが唯一存在する。また、この F を Q とするなら、$B-AQ=R$ の次数は、A の次数未満である。この Q, R をそれぞれ、B を A で割った商、余りと呼ぶ。

この「多項式の除法の基本原理」の証明は、具体例から理解したほうが簡単だ。B を 4 次式、
$$B = 3x^4 + x^3 - 4x^2 + 2x - 5$$
とし、A を 2 次式、
$$A = x^2 + 2x - 1$$
として、実際に B にもっとも近い A の倍数を見つけてみることにしよう。図 6-3 を見ながら読んでほしい。

A の倍数でなるべく B に近いものを見つけたいので、とりあえず、A に（定数）$\times x^k$ を掛けて倍数を作り、B と 4 次の項が一致するものを作る。それは明らかに、$F_1 = 3x^2$ を掛ければ得られる。実際、

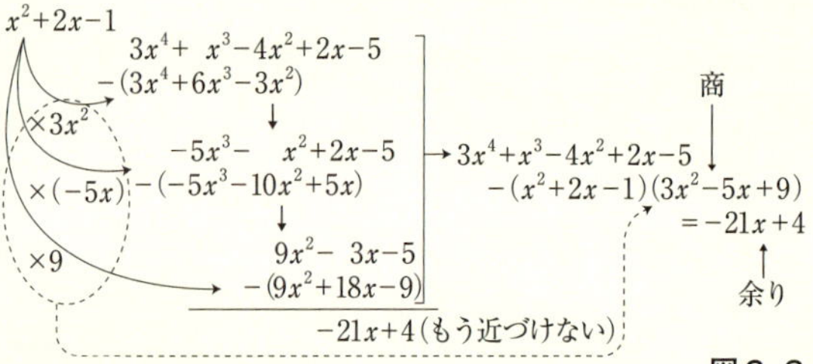

図6-3

$$AF_1 = (x^2+2x-1)(3x^2) = 3x^4+6x^3-3x^2$$

は、B と 4 次の項が一致し、

$$B - AF_1 = -5x^3 - x^2 + 2x - 5$$

となって、差が 3 次式となった。もっと B に近い A の倍数を見つけるために、A の倍数 AF_2 で $B - AF_1$ に近いものを見つけよう。

$F_2 = -5x$ とすれば、3 次の項が消え、

$$(B - AF_1) - AF_2 = 9x^2 - 3x - 5$$

となり、差は 2 次式になる。つまり、$A(F_1 + F_2)$ は AF_1 より B に近い多項式となる。

さらに近い多項式は、$F_3 = 9$ を A に掛けて引き算することで得られる。

$$\{(B - AF_1) - AF_2\} - AF_3 = -21x + 4$$

と、差が 1 次式になるからだ。つまり、

$$A(F_1 + F_2 + F_3) = (x^2+2x-1)(3x^2-5x+9)$$

が B との差が 1 次式になる A の倍数だとわかった。実は、これが限界で、これより B に近い A の倍数は存在しないことが次のようにわかる。

仮に、Aの倍数AGが、$A(F_1+F_2+F_3)$よりBに近いか、同じ程度近いとしよう。これは、$B-AG$が1次式かそれ未満の次数ということを意味する。すると、

$$B-A(F_1+F_2+F_3)$$

が1次式であったことから、その差、

$$\{B-A(F_1+F_2+F_3)\}-(B-AG)$$
$$=AG-A(F_1+F_2+F_3)$$

も1次式かそれ未満の次数ということになる。しかし、これは、

$$A\{G-(F_1+F_2+F_3)\}$$

と積で書けるので、2次式Aの倍数である。

一方、2次式Aの倍数は、0を掛けた$A\times 0=0$でない限り、必ず2次以上の多項式になってしまう。だから、Aの倍数が1次式かそれ未満の次数になるためには、掛けた式が0でなければならない。すなわち、$G-(F_1+F_2+F_3)=0$。これは、$G=(F_1+F_2+F_3)$を意味し、結局、Gは今見つけた$F_1+F_2+F_3$と一致してしまった。このようにして、Aの倍数で、Bとの差がAの次数未満になるものは、ただ一つに決まることが示された。そして、$B-AF$という多項式でもっとも次数が低いものの次数はAの次数未満であることもわかった。

具体的には、

$$B-A(3x^2-5x+9)=-21x+4$$

である。このとき、$3x^2-5x+9$を商、$-21x+4$を

余りと呼ぶ。

◆多項式と整数は類似している

整数の集合も、多項式の集合も、加減乗ができるので、可換環(15ページ)と呼ばれる代数系になる。その上さらに、多項式の間でも整数と同じように「割って商と余りを出す」という計算ができることから整数と多項式には強い類似性が現れる。

類似性の一つは、第1章で解説した「イデアル」についてのものだ。

イデアルというのは、次の二つの性質を備えた部分的な集合Iのことだったのを思い出そう。

―〈イデアルIの定義〉―
* xとyがIに属しているなら、$x+y$も$x-y$もIに属する。
* aがIに属するならaの任意の倍数xaもIに属する。

環によって、イデアルはさまざまなタイプのものが現れるが、整数の環のイデアルと多項式の環のイデアルは、同じ特徴をもっている。それは、「任意のイデアルは、ある一つの要素nの倍数の集合(n)となる」ということ。

たとえば、整数の環のイデアルは、

{1の倍数}={整数全体}, {2の倍数}={偶数},

第6章　整数と多項式は同じ

{3の倍数}，{4の倍数}，…，{0の倍数}＝{0}
となることは第1章でも紹介した。

　他方、多項式の環のイデアルは、
　　{1の倍数}＝{すべての多項式}，　{xの倍数}，
　　{2x+1の倍数}，　{x^2+x+1の倍数}，… 等々
となる。要するに多項式Aを固定した上での{多項式Aの倍数の全体}という形の集合のみがイデアルとなるのである。

　なぜそうなるか、というと、整数環でも多項式環でも、「割って余りを出す」計算が可能だからである。まず、整数環のほうで証明しよう（これは、23ページで「あとの章で証明しよう」とペンディングしておいた証明だ）。

　今、整数の環の任意のイデアルIをとろう。$I=${0}なら、これが「0の倍数の集合」であることは明らかなので、Iは0でない要素をもっているとする。Iの要素を(-1)倍したものもIの要素であるから、Iは正の整数を要素としてもっている。Iの正の整数の要素で最小のものをnとする。そこで、Iの任意の要素bをとってこよう。そして、bをnで割った商をq、余りをrとする。当然、$b-nq=r$であり、rは不等式$0\leq r<n$を満たす。要するに余りは0以上n未満である。

　このとき、rはIの要素でなければならない。なぜなら、nはイデアルIの要素だからnqもIの要素。bもイデアルIの要素だから、$b-nq$もイデアルIの

要素である。しかし、nを「Iの正の整数の要素で最小のもの」と仮定しているので、$0 \leq r < n$であることから、$r = 0$でなければならない。つまり、$b - nq = 0$から、$b = nq$とわかった。これはbはnの倍数であることを意味する。

多項式環のイデアルについても、まったく同じ証明をできる。上の証明をくり返せばいいが、二カ所だけ修正する。第一は、「Iの正の整数の要素で最小のものをnとする」のところを、「Iの要素のなかで0でない多項式で次数が最小のものをnとする」と修正すること。第二は、「rは不等式$0 \leq r < n$を満たす」としたところを、「rは(rの次数)<(nの次数)を満たす」と直すことである。あとはまったく同じでいい。

◆バシェの定理

以上のように、整数の環と多項式の環は、「割って余りを出す」という計算の共通性から、イデアルについて同じ性質をもつことがわかった。このイデアルについての共通性は、もっといろいろな共通の定理を生み出す源泉となる。たとえば、古典的な「バシェの定理」というのが共通して得られる。バシェというのは、17世紀頃のフランスの学者で、この定理を整数の定理として紹介した人の名前だ。

このバシェの定理には、整数の環バージョンと多項式の環バージョンがあるが、まず、整数版のほうは、

第6章　整数と多項式は同じ

――〈整数版のバシェの定理〉――――――――――――
AとBを0でない任意の整数とする。整数SとTを自由に選んで作られる$AS + BT$という整数の全体の集合をIとする。IはAとBの最大公約数Gの倍数の全体となる。
―――――――――――――――――――――――――

　たとえば、6と9の最大公約数は3だから、(6の倍数) + (9の倍数)で得られる整数は、(3の倍数)の全体になる、ということである。また、5と8は互いに素(最大公約数が1)であるから、(5の倍数) + (8の倍数)で得られる整数は、整数全体となる。
　次に多項式版のほうを紹介すると、

――〈多項式版のバシェの定理〉――――――――――
AとBを0でない任意の多項式とする。多項式SとTを自由に選んで作られる$AS + BT$という形の多項式全体の集合をIとする。このIはAとBの最大公約多項式Gの倍数の全体となる。
―――――――――――――――――――――――――

　証明は簡単。同じなので、多項式版のほうで示すことにしよう。
　$AS + BT$という多項式は、要するに(Aの倍数) + (Bの倍数)という形の多項式の全体だが、この集合Iは、イデアルとなる。それは、(Aの倍数) + (Bの倍数)という形の多項式は、足しても引いても同じタイプだし、任意の多項式を掛けても同じタイプであるこ

とは変わらないから、イデアルの2条件を満たすからだ。

次に、集合 I がイデアルとなったことで、133〜134ページで証明したことから、I はある多項式 F の倍数の全体となるとわかる。つまり、

$I = \{$多項式 F の倍数の全体$\}$

となるのである。すると、多項式 A は（A の倍数）＋（B の倍数）という形の多項式の一つ（（B の倍数）＝0と置けばいい）だから、A はイデアル I に属し、したがって、A は F の倍数。同様に B も F の倍数とわかる。つまり、F は A と B を両方割り切る多項式（公約式）ということになる。

他方、F がイデアル I に属していることから、（A の倍数）＋（B の倍数）という形で書ける。

すると、A と B をともに割り切るような任意の多項式は、（A の倍数）＋（B の倍数）という形の多項式すべてを割り切るので、F も割り切らなければならない。以上によって、F は A と B をともに割り切り、また、A と B をともに割り切る多項式は必ず F を割り切ることがわかった。ということは、F は A と B をともに割り切る多項式のなかでもっとも次数の高い多項式でなければならない。つまり、F は A と B の最大公約多項式 G でなければならないのである。これでバシェの定理の証明が終わった。

第6章　整数と多項式は同じ

◆**abc 予想**

多項式と整数が類似している証拠として、多くの定理が、多項式でも整数でもちょっとした変更によって共通に成り立つようになることが挙げられる。前節で説明したイデアルについての性質やバシェの定理が良い例だ。

整数の環と多項式の環の類似性が強いことから、整数で証明が難しい予想を、多項式版の類似の問題について証明してみる、ということが行われる。

たとえば、長い間未解決だった**フェルマー予想**、すなわち、「n が 3 以上の整数のとき、$a^n + b^n = c^n$ を満たす正の整数 a, b, c は存在しない」については、考える世界を多項式に変えて、「n が 3 以上の整数のとき、$a^n + b^n = c^n$ を満たす 1 次以上の多項式 a, b, c は存在しない」としたものが先に証明された。ちなみに、整数版のほうも 1995 年に証明された。

また、整数の環での現在も未解決の問題・リーマン予想（これは説明に紙数を要するので、参考文献 [7] や [8] に譲る）についても、多項式の環での類似定理はすでに証明されている。

さらには、最近話題になったものとして、「abc 予想」というものがある。多項式版の abc 予想は、1981 年にストーサーズという数学者によって証明された。以下の定理である。

> **〈多項式版 abc 予想〉**
>
> A, B, C が共通の因数をもたない多項式で、かつ、定数でないものであって、$A + B = C$ を満たすならば、A, B, C の次数のなかの最大のものは、$\mathrm{rad}(ABC)$ の次数未満である。

ただしここで、多項式 F に対して $\mathrm{rad}(F)$ とは、F の異なる既約因数を掛け合わせたものを表す記号。たとえば、

$$F = x^3(x+2)^2(3x-1)$$

に対しては、

$$\mathrm{rad}(F) = x(x+2)(3x-1)$$

となる。

これに対して、整数版 abc 予想というのがあって、次のようなものだ。

> **〈整数版 abc 予想〉**
>
> a, b, c を互いに素な整数で $a + b = c$ を満たすものとすると、a, b, c のなかの最大の数は $\{\mathrm{rad}(abc)\}^2$ 未満である。

ここで $\mathrm{rad}(n)$ とは、n の異なる素因数すべての積を表す記号。たとえば、

$$360 = 2^3 \cdot 3^2 \cdot 5$$

に対しては、

$$\mathrm{rad}(360) = 2 \cdot 3 \cdot 5 = 30$$

である。

　よく観察すれば、多項式版と整数版がとても類似していることがわかるだろう。この整数版 abc 予想は現在も未解決だが、実は、この整数版 abc 予想を多少変形した予想（スピロ予想）というのがあって、京都大学の望月新一教授が最近（2013年）、それが証明できたと発表して大騒ぎになった。専門家による判定には少し時間がかかるだろうが、もしも正しかったとすると、21世紀数学の輝かしい成果の一つとなることは疑いない（詳しくは、参考文献［8］または［1］などを参照のこと）。

◆数は、発見されるのではなく発明される

　これまでは、整数の環と多項式の環の類似性について解説してきた。ここからは、多項式の環を主役とした別の話に進むこととしよう。

　数学では、いろいろな数が使われる。読者も、学年が上がるごとに新しい数を学んで来たことだろう。

　小学校では、自然数から始まり、分数と小数に進む。中学生になると、負数を導入した整数を教わり、平方根で表される 2 次の無理数が導入される。その後、高校に進学すると、べき乗根、三角比、対数などの関数を使って、どんどん未知の無理数が定義され、果ては、虚数から作られる複素数を学ぶことになる。

　これらの数は、実際の数学の歴史でも、数千年のときを経ながら、順々に発見されてきた。しかし、その

事情は、19世紀に一変することになったのだ。

そう、19世紀に集合の理論が生み出されてから、数は発見されるものではなく、創り出されるものとなった。なぜ、すでに見つかっている数を、あらためて創る必要があったのか。

それは、平方根や円周率や虚数などは、特定の数学的操作上であたかも実在しているかのように扱われてきたが、その定義にあいまいさが残っているため、「こうなるべき」と数学者が考える性質を導くことができなかったからだ。これらの「数にあって欲しい性質」を培うためには、数を都合よく創り出す必要があった。それを可能にしたのが19世紀の集合の理論だった。

◆イデアルを使ったグループ分け

19世紀の数学者、カントールとデデキントが集合の理論を構築したことは、第1章に解説した。カントールとデデキントは、この集合の理論を使って、「**数を構成する**」という手法を編み出した。それ以降、この手法は数学の基礎となった。ここでは、そのなかから、「イデアルを使って環をグループ分けして数を創る」という技術を紹介しよう。

環とは、これまで何回も解説してきたように、加減乗が定義された数の集合のことだ。整数の集合や多項式の集合は代表的な環である。環 R から数を創る手続きは、次のようにまとめることができる。

第6章　整数と多項式は同じ

> ＊環 R の要素たちをいくつかの重なりのないグループに分ける。
> ＊その上で、グループどうしの加減乗を定義する。

　そして、このようにして創った一つ一つのグループを「あたかも一つ一つの数のようにみなす」のである。
　環 R をグループ分けするには、イデアルを使う。
　まず、イデアル I を一つ固定する。次に、環の要素 a と b が同じグループに属することを以下のように定義する。

――〈環の要素が同じグループに属することの定義〉――
＊　$b-a$ がイデアル I に属するとき、a と b は同じグループに属する。

　この定義に即して、環をグループ分けする。具体的には、環の任意の要素 a_1 を取り、上記の定義によって a_1 と同じグループに属する要素を集めて集合 R_1 を作る。次に、この R_1 に属しない R の要素 a_2 があるなら、それと同じグループに属する要素を集めて集合 R_2 を作る。R_1 にも R_2 にも属しない R の要素が存在するなら、再度同じことをする。このようにして、すべての要素がいずれかのグループに属しきるまで、この操作を続けるわけである（図6-4）。
　こうしてできたグループ $R_1, R_2, R_3, \cdots$ は、非常に重要な性質をもっている。それは、「異なるグループに

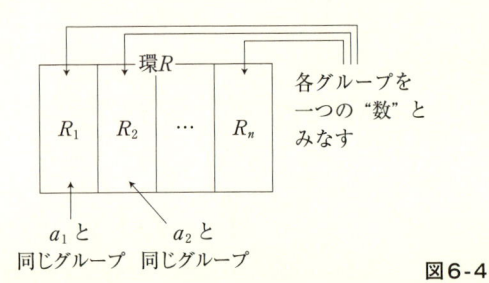

```
┌─────────────────────────┐
│        環 R             │
│ ┌────┬────┬───┬────┐    │  各グループを
│ │ R₁ │ R₂ │ … │ Rₙ │    │  一つの"数"と
│ └────┴────┴───┴────┘    │  みなす
└─────────────────────────┘
    ↑      ↑
   a₁と   a₂と
同じグループ 同じグループ
```

図6-4

共通に属する要素はない」、つまり、「グループは重なりをもたない」、という性質だ。このことは以下のように証明できる。

仮に、a_1と同じグループに属する要素を集めた集合R_1と、a_2と同じグループに属する要素を集めた集合R_2とに共通の要素bがあったとしよう。この場合、定義から、$b - a_1$はイデアルIに属し、$b - a_2$もイデアルIに属する。しかし、そうすると、イデアルの定義から、その差

$$(b - a_1) - (b - a_2) = (a_2 - a_1)$$

もイデアルIに属する、ということが成り立たなくてはならない。これは、a_1とa_2が同じグループに属することを意味していて、a_2がa_1と同じグループに属さない要素として選び出されたことに反してしまう。したがって、「グループは重なりをもたない」が成り立っていなければならないわけだ。

以下、こうしてできたグループたち

$$R_1, R_2, R_3, \cdots$$

第6章　整数と多項式は同じ

をそれぞれ「新種の数」とみなして、それらに加減乗を定義するのだが、このまま行うと抽象的すぎるので、具体例のなかで解説することとしよう。

◆ 3元体を創る

最初の具体例として、三つの数から成る環である3元体 F_3 を創る。3元体 F_3 は、40ページなど何度か出てきたものである。3元体 F_3 とは、三つの数 [0]，[1]，[2] だけから成る。[ ] がついていることで、通常の数 0, 1, 2 とは区別している。

この3元体は整数を3周期で同じとみなして作ったが、これと同じものを整数の環 R を3の倍数全体から成るイデアル I でグループ分けすることで創ることができる。

まず、3の倍数を集めたイデアルを (3) と記すのはこれまでと同じ。そこで、先ほどと同じステップで整数をグループ分けしていこう。まず、環の要素 a_1 として 0 を選ぶ。そして、0 と同じグループに属する数を集める。整数 b が 0 と同じグループに属するということは、$b - 0$ が3の倍数のイデアル (3) に属することだから、b は3の倍数そのものであること。つまり、こういう b を集めた R_1 はイデアル (3) 自身である。

次に、R_1 に属しない整数 a_2 として 1 を選ぼう。1 と同じグループに属する整数 b は、$b - 1$ が3の倍数の作るイデアル (3) に属する。ということは、b は 1 + (3の倍数) という形の数だ。つまり、R_2 は 1 + (3

の倍数)という形の数を集めた集合となる。これをわかりやすく $1 + (3)$ と記すことにしよう。

以上で3の倍数 (3) も $1 + (3)$ もグループになったので、どちらにも属さない整数 a_3 として2を選ぼう。2と同じグループに属する整数 b は、$b - 2$ が3の倍数の作るイデアル (3) に属することから、$2 + (3$ の倍数$)$ という形の数となる。したがって、R_3 は $2 + (3$ の倍数$)$ という形の数を集めた集合。この集合を $2 + (3)$ と記す。結局、整数の環 R は、イデアル (3) を使って、次の三つのグループに分かれた (図6-5)。

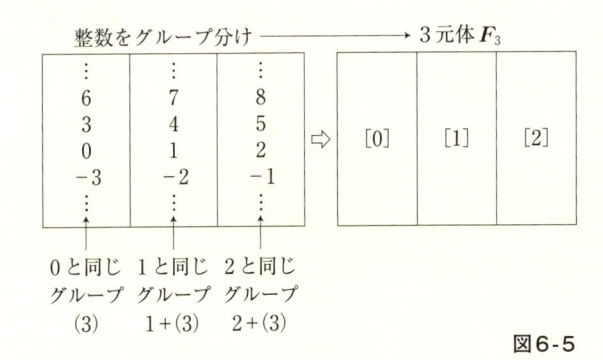

整数をグループ分け ────→ 3元体 F_3

⋮	⋮	⋮
6	7	8
3	4	5
0	1	2
−3	−2	−1
⋮	⋮	⋮

⇨ [0]　[1]　[2]

0と同じ　1と同じ　2と同じ
グループ　グループ　グループ
(3)　$1+(3)$　$2+(3)$

図6-5

$$R_1 = (3) = \{\cdots, -6, -3, 0, 3, 6, \cdots\}$$
$$R_2 = 1 + (3) = \{\cdots, -5, -2, 1, 4, 7 \cdots\}$$
$$R_3 = 2 + (3) = \{\cdots, -4, -1, 2, 5, 8, \cdots\}$$

次の段階として、これらのグループどうしに加減乗の計算を導入する。やり方は、とてもシンプル。次の

ようにする(以下、i, j は 1, 2, 3 のどれか)。

$R_i + R_j = \{(R_i$の任意の数$) + (R_j$の任意の数$)$の属するグループ$\}$

$R_i - R_j = \{(R_i$の任意の数$) - (R_j$の任意の数$)$の属するグループ$\}$

$R_i \times R_j = \{(R_i$の任意の数$) \times (R_j$の任意の数$)$の属するグループ$\}$

たとえば、グループ $1 + (3)$ とグループ $2 + (3)$ の和は、

$(1 + (3)) + (2 + (3)) = (1 + 2$の属するグループ$)$
$= (3$の属するグループ$) = (3)$ …①

となる。また、グループ $2 + (3)$ とグループ $2 + (3)$ の積は、

$(2 + (3)) \times (2 + (3)) = (2 \times 2$の属するグループ$)$
$= (4$の属するグループ$) = 1 + (3)$ …②

このように計算を導入した上で、三つのグループをそれぞれ一個の「数」とみなして、

$(3) \to [0]$,　　$1 + (3) \to [1]$,　　$2 + (3) \to [2]$

と記すことにすれば、みごと3元体ができあがる。実際、①の計算は、$[1] + [2] = [0]$ を表し、②の計算は、$[2] \times [2] = [1]$ を意味する。

つまり、こういう通常とは異なる奇妙な数計算は、集合を1個の数とみなしたからこそ、つじつまがあうように構成することが可能になったのである。

◆整合性のチェック

ここで確認しなければならないのは、グループどうしに加減乗を定義したときに任意の数を選んでいるが、これが矛盾を引き起こさないかどうか。言い換えると、この方法で、ちゃんと一つのグループが指定されるかどうかだ（定義がうまくいっていることを、専門の言葉で、well-defined である、という）。

このことについて、一般の環 R とイデアル I に対して確かめておこう。

一番難しい乗法についてだけ確認する。

グループ R_i とグループ R_j の積は、それぞれのグループから任意の要素を選んで掛け算し、それが属するグループと定義する。このとき、どの要素を選んでも同じグループが指定されなければならない。今、R_i から a を、R_j から b を選び、ab の属するグループを考える。次に、R_i から c を、R_j から d を選び、cd の属するグループを考える。証明したいのは、この ab と cd が属するグループが同一になることだ。

これは次のように証明できる。c と a は同じグループ R_i に属すから、$a - c$ はイデアル I に属す。同様に、$b - d$ もイデアル I に属す。イデアルの性質から、$(a - c)b$ も $(b - d)c$ もイデアル I に属す。さらに、イデアルの性質から、$(a - c)b + (b - d)c = ab - cd$ もイデアル I に属す。定義によって、ab と cd は同じグループに属することが証明された。

第6章 整数と多項式は同じ

◆$\sqrt{2}$を創る

同じ方法を使って、2の正の平方根$\sqrt{2}$を創ってみることにしよう。

平方根$\sqrt{2}$は、中学3年生で教わる。$\sqrt{2}$は、分数（有理数）で表すことのできない無理数である。円周率πは、小学生も習い、これは無理数なのだが、無理数であることが強調されることはないので、最初に教わる無理数は$\sqrt{2}$だと思って間違いない。

$\sqrt{2}$という数を発見し、それが無理数であることを証明したのは紀元前のギリシャの数学者ピタゴラスである。当時、数学は宗教、哲学、思想と切り離すことができないもので、ピタゴラスは宗教家であり思想家でもあった。無理数の存在は、ピタゴラスの宇宙思想とは相容れないものだったので、自分の思想に邪魔なものを発見してしまう、という不幸な歴史となった。

無理数は、様々な平方根の形で次第に存在感を高めていったが、その研究が大きく進展するのはやはり19世紀になってからであった。円周率πが無理数であることが証明されたのもこの世紀であった。

もっとも大きな進展は、カントールやデデキントが実数の構成に成功して与えられた。彼らによって、無理数は操作可能な数となったのである。

$\sqrt{2}$を「創り出す」手法はいくつかあるが、イデアルを用いるのがもっとも簡単な方法だ。$\sqrt{2}$が満たすべき代数方程式を逆手にとって、$\sqrt{2}$を生み出してしまうのである。以下、その方法を解説することにしよ

147

う。

今、2次方程式
$$x^2 - 2 = 0$$
を考えよう。これは（その存在を前提とするなら）$\sqrt{2}$ を解としてもつ2次方程式であるが、今は $\sqrt{2}$ を「創り出そう」としているので、この方程式に解があるかないかは不問のまま進む。というよりも、「この方程式の解を、作為的に創り出す」のである。

この目的のため、x を変数とする有理数係数の1変数の多項式の環 R と、2次式 $x^2 - 2$ の倍数の成すイデアル $I = (x^2 - 2)$ を利用する。このイデアル I で R をグループ分けするのである。グループは先ほどと違って、無数にできる。どんなグループ分けだろうか。

この章の最初で解説したように、1変数の多項式には「割って余りを出す」という計算ができる。このことから、任意の1変数多項式 $f(x)$ は、$x^2 - 2$ のある倍数を引けば1次以下の多項式になる（これは割った余りである）。しかも、そういう1次以下の式は唯一だ。つまり、
$$f(x) - (x^2 - 2 \text{の倍数}) = ax + b$$
を満たす唯一の1次以下の式 $ax + b$ が存在する（$f(x)$ を $x^2 - 2$ で割った余り）、ということである。この式を書き換えると、
$$f(x) - (ax + b) = (x^2 - 2 \text{の倍数}) \leftarrow \text{イデアル } I \text{ の要素}$$

となるから、$f(x)$ と $(ax+b)$ がイデアル I での分類で同じグループに属することがわかる。これによって、任意の多項式は唯一の1次以下の式と同じグループになることが証明された。このグループを R_{ax+b} と記すことにしよう。

たとえば、R_{2x} とは、多項式 $2x$ と同じグループに属する多項式の集合である。つまり、

$$f(x) - (2x) = (x^2 - 2 \text{の倍数})$$

となる多項式である。たとえば、$x^2 + 2x - 2$ がそうである。x^3 もそうである。実際、

$$x^3 - 2x = x(x^2 - 2) = (x^2 - 2 \text{の倍数})$$

となっている。特別な場合として、R_5 は5を多項式とみなした場合に、多項式5と同じグループに属する多項式（$5 + (x^2 - 2 \text{の倍数})$ という形の多項式）の集合となる。たとえば、$x^2 + 3$ などが要素となる。

ここで、これまで何度も解説してきた「同一視」という作業を行う。それは、定数 b の属するグループ R_b を数 b そのものと「同じとみなす」ということである。たとえば、グループ R_5 は5や $x^2 + 3$ など無数の多項式を含む集合であるが、これを単なる「数5」と同一視するわけなのだ。

この同一視が、数学的に整合的なのは、足し算・引き算・掛け算について通常の数計算と同じ結果を生じるからである。たとえば、足し算については、

$$R_2 + R_3 = R_5$$

などとなる。添え字だけを取り出せば、$2 + 3 = 5$ と

通常の数の足し算と一致している。また、掛け算については、

$$R_2 \times R_3 = R_6$$

となり、添え字だけを取り出せば、$2 \times 3 = 6$ と通常の掛け算と一致している。これらのことが成り立つのは、

$$\{b + (x^2 - 2 の倍数)\} + \{c + (x^2 - 2 の倍数)\}$$
$$= (b + c) + (x^2 - 2 の倍数)$$

とか、

$$\{b + (x^2 - 2 の倍数)\} \times \{c + (x^2 - 2 の倍数)\}$$
$$= (bc) + (x^2 - 2 の倍数)$$

などが、イデアルの性質から自然に成り立つことから来ている。

このようにして、

$$グループ R_b \rightarrow 有理数 b$$

という「同一視」を行うと、イデアル I による分類でできるグループたちの成す環が有理数の環と代数的に同じものを内部に包含している、とみなせるわけなのだ。

一方、文字 x が入っている 1 次式の属するグループでは、おもしろいことが起きる。

今、1 次式 x が属するグループ R_x を考えてみよう。これに対して、

$$R_x \times R_x = (x \times x の属するグループ)$$
$$= (x^2 の属するグループ)$$

と定義された。一方、$x^2 - 2$ は $x^2 - 2$ の倍数だから、

x^2-2 はイデアル I に属す。すなわち、x^2 と 2 は同じグループに属す。つまり、

$$R_x \times R_x = (x^2 \text{の属するグループ})$$
$$= (2 \text{の属するグループ}) = R_2$$

となる。すなわち、

$$R_x \times R_x = R_2$$

先ほど R_2 を 2 とみなせることを説明したので、R_x は「2 個掛けると 2 になるような数」とみなせることがわかった。まさにこれこそ $\sqrt{2}$ そのものである。これで $\sqrt{2}$ が「創り出される」こととなった(図 6-6)。

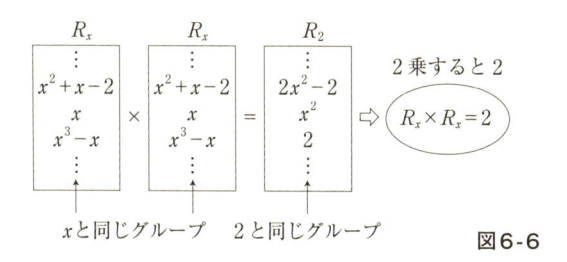

図 6-6

◆どんな代数方程式にも解がある

以上の技術を使えば、どんな代数方程式にも解があることがわかる。正確に言うと、どんな代数方程式もそれを解にもつ数世界を創ってしまうことができる、ということだ。

具体例として、代数方程式 $x^2 + 1 = 0$ の解を創ってみよう。この方程式には虚数単位が解であることを 103 ページで解説したが、その際は、「あたかも存在

するかのように」扱ったことを思いだしてほしい。ここでは、実際に解を作りだして、虚数単位 i を「実在化」させるのである。代数方程式 $x^2 + 1 = 0$ の解が含まれる数世界を創ってしまうわけだ。

やり方は同じ。有理数係数の多項式の環 R を、$x^2 + 1$ の倍数の成すイデアル I でグループ分けしよう。あとは、先ほどの $\sqrt{2}$ のときとまったく同じ原理である。1次多項式 x が属するグループを R_x とすれば、$x^2 - (-1)$ が $x^2 + 1$ の倍数であることから、x^2 と -1 が同じグループに属し、それによって、

$R_x \times R_x = R_{-1} = (-1$ と同一視されるグループ$)$

となる。これは、数 R_x が2乗すれば -1 になることを意味している。これで<u>虚数単位と呼ばれる数が創造された</u>。

このようにすれば、どんな代数方程式に対しても、その解が存在するような環を創り出せるのである。現代の数学者にとって、方程式の解とは、どこかから見つけてくるものではなく、作り出してしまう対象なのである。数だけでなく、どんな数学的な素材も、現代の数学者たちは集合を利用して巧みに作りだすのだ。その際、「同じとみなす」ということがものを言う(実数や自然数の創造に関しては [9] や [15] を参照のこと)。

第7章
図形のなかの"素数"

　この章では、(多項式＝0)という形の方程式の解からできる図形について解説する。多項式が1変数の場合には、方程式の解は、数直線上にポツポツと並ぶ点の集合になる。多項式が2変数の場合には、方程式の解は、座標平面上の図形、たとえば、直線や放物線や円など、となる。これらの図形は「代数曲線」と呼ばれ、中学と高校で教わる事項である。直線や円が方程式の解として現れる、ということ自体でも味わいのあることだが、実は、現代的な数学の立場からはもっと驚くべき事実が明らかになる。ここにもまたまた「イデアル」が現れるのである。

　代数曲線とイデアルとの関係を見つめると、そこに素数に対応する概念が浮き上がる。このように限りなく広がっていく数学のイマジネーションを楽しんでいただきたい。

◆1変数多項式の零点は点集合
　(多項式＝0)という形の式を「方程式」と言うこと

は、第5章で説明した。そしてこれを満たす数を「解」と言った。このような解は、多項式の「零点」とも呼ばれる。たとえば、

$$x - 3 = 0$$

という方程式の解は、$x = 3$。したがって、1次多項式$f(x) = x - 3$の零点は3ということになる。言い換えると、$f(3) = 0$ということだ。同様に、2次方程式

$$x^2 - 4x + 3 = 0$$

については、左辺を$(x-1)(x-3) = 0$と因数分解すれば、「掛けて0なら一方は0」だから(29ページ)、解は$x = 1$と$x = 3$だとわかる。したがって、2次多項式$f(x) = x^2 - 4x + 3$の零点は1と3ということになる。これらの零点は、図7-1のように、数直線上の点として図形化することができる。多項式$x - 3$の零点は1点から成る図形で、多項式$x^2 - 4x + 3$の零点は、2点から成る図形である。このように、変数がxの1変数多項式の零点は、数直線上にポツポツと並ぶ点集合となる。

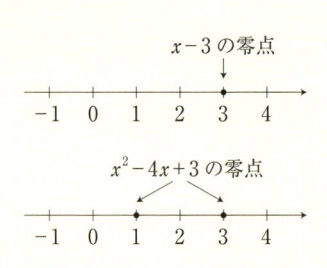

図7-1

第7章 図形のなかの"素数"

特殊な例が二つある。第一は、2次方程式
$$x^2 - 6x + 9 = 0$$
の零点。これは $(x-3)^2 = 0$ と因数分解でき、重解（2解が重なっている状態）なので、$x^2 - 6x + 9$ は2次式であるにもかかわらず、零点は $x = 3$ の1点だけとなる。

第二の特殊例は、2次方程式
$$x^2 + 1 = 0$$
である。これは、第5章で解説したように虚数解 $x = i$ と $x = -i$ となるので、実数の範囲には解をもたない。したがって、数直線上に零点をもたないことになる。つまり、数直線上の零点は空集合である。第5章や第6章で解説した複素数の範囲では解をもち、横軸に実数軸を、縦軸に虚数軸をもつ「**複素平面**」と呼ばれる平面において、図7-2のように、2個の零点は虚数軸上の点としてプロットされる。この章では、このような複素平面は考えず、実数だけを扱うことにする（複素平面は、この章の後半に出てくる単なる座標平面と異なるものであることに注意せよ）。

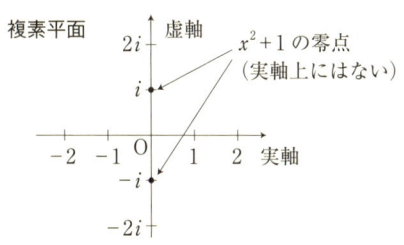

複素平面　　　　虚軸
　　　　　$2i$ ┤　　x^2+1 の零点
　　　　　　　 │　　（実軸上にはない）
　　　　　　i ┤
　　　─┼─┼─┼─┼─┼─→
　　　-2 -1 O　1　2　実軸
　　　　　　$-i$ ┤
　　　　　$-2i$ ┤

図7-2

零点の集合を扱いやすくするために、ここで新しい記号を導入しておこう。

　多項式 $f(x)$ の零点の集合を $V(f(x))$ という記号で書く。今までの例で言うと、

$$V(x-3) = \{3\}$$
$$V(x^2 - 4x + 3) = \{1, 3\}$$
$$V(x^2 - 6x + 9) = \{3\}$$
$$V(x^2 + 1) = \phi \quad (\phi は空集合の記号)$$

となる。このような集合（この場合は、多項式の解を並べた数直線上の点集合）を「**代数的集合**」と呼ぶ。

　代数的集合は複数の多項式たちについても定義することができる。それら複数の多項式すべてに共通する零点を表すものと定義される。たとえば、多項式 $f(x)$ と $g(x)$ の共通の零点の集合を $V(f(x), g(x))$ という記号で書く。具体例を挙げるなら、2次多項式 $x^2 - 4x + 3$ の零点は1と3で、2次多項式 $x^2 - 5x + 6$ の零点は2と3だから、二つの多項式 $x^2 - 4x + 3$ と $x^2 - 5x + 6$ から作られる代数的集合は、両方に共通の零点3となり、このことを記号で、

$$V(x^2 - 4x + 3, x^2 - 5x + 6) = \{3\}$$

のように記す。

◆点集合から多項式を再現する

　1変数多項式 $f(x)$ の零点は、有限個の点である。n 次多項式の零点は最大で n 個だと証明されているからだ。したがって、複数の1変数多項式の共通零点の

集合も有限個の点から成る。逆に有限個の点を与えれば、それらをちょうど零点集合とする多項式が存在する。たとえば、0, 1, 3 を零点とする多項式の例として、

$$f(x) = x(x-1)(x-3) = x^3 - 4x^2 + 3x$$

があげられる。$x(x-1)(x-3) = 0$ を満たすには、掛け算している3項の一つを 0 にしなければならないから、零点は 0 か 1 か 3 に限るからだ。それゆえ、

$$V(x^3 - 4x^2 + 3x) = \{0, 1, 3\}$$

となる。つまり、1変数多項式の場合、数直線上の有限個の点集合は必ず代数的集合となる。

次なるステップとして、有限個の点集合である代数的集合が与えられたとき、それからそれらを零点としてもつ多項式を再現することを考えよう。

最初の例として、多項式 $x-3$ の零点から作られる代数的集合

$$V(x-3) = \{3\}$$

を考える。この点集合 $W = \{3\}$ に対して、W の点を零点にもつ多項式すべてを求めてみる。明らかに $x-3$ はその一つだが、ほかにもたくさんある。たとえば、前節で解説したように、$x^2 - 4x + 3$ も $x^2 - 6x + 9$ も $x^2 - 5x + 6$ も W の点 ($x = 3$) を零点としてもつ多項式である。このような多項式の全体、つまり、考えたいのは、

$$\{W \text{の点を零点としてもつ多項式} f(x)\}$$

はどんな集合となるか、という問題なのだ。

◆イデアル三たび登場

この集合を具体的に求める前に、この集合が1変数多項式の作る可換環 R(加減乗の定義された代数系)のなかでイデアルを成すことを先に証明しておこう。

可換環 R の部分的な集合 I がイデアルであることをチェックするには、次の2条件を確かめればよかった。

> * a と b が I に属しているなら、$a+b$ も $a-b$ も I に属する。
> * a が I に属するなら、環 R の任意の要素 c に関して、ca も I に属する。

さて、$x=3$ を零点としてもつ多項式 $f(x)$ 全体の集合が上の2条件を満たすことを示そう。

まず、$f(x)$ と $g(x)$ がともに $x=3$ を零点とするなら、

$$f(3)=0 \text{ および } g(3)=0$$

それゆえ、

$$f(3)+g(3)=0 \text{ および } f(3)-g(3)=0$$

が得られる。これは、多項式 $f(x)+g(x)$ も多項式 $f(x)-g(x)$ も $x=3$ を零点としてもつことを示している。

さらには、任意の多項式 $h(x)$ を $f(x)$ に掛けた $h(x)f(x)$ も、3を代入すれば、

$$h(3)f(3) = h(3) \times 0 = 0$$

となるので、$h(x)f(x)$ もやはり $x=3$ を零点としてもつ。これでイデアルであることが確認できた。

第6章の133ページで証明したように、1変数の多項式の環におけるイデアルは、必ず、ある多項式 $p(x)$ の倍数の全体となる。したがって、$x=3$ を零点としてもつ多項式 $f(x)$ の全体も何か一つの多項式の全体でなければならない。

ところが、このイデアルは1次式 $x-3$ を要素にもつ（$x-3$ は3を零点にもつから当然）。したがって、1次式 $x-3$ はこの $p(x)$ の倍数でなければならないので、$p(x)$ は定数 α か（定数）×（$x-3$）の形のどちらか。定数 α だとすると、3を零点にもつためには、$\alpha=0$ でなければならず、求める集合は $\{0\}$ になってしまうのでまずい。したがって、多項式 $p(x)$ の倍数は必ず多項式 $(x-3)$ の倍数だとわかる。他方、多項式 $(x-3)$ の倍数（多項式×$(x-3)$ と書ける多項式）は必ず $x=3$ を零点にもっている。以上から、求めようとしている「$x=3$ を零点としてもつ多項式 $f(x)$ の全体」というのは、結局、「多項式 $(x-3)$ の倍数の全体」ということがわかった。

実際、x^2-4x+3 も x^2-6x+9 も x^2-5x+6 もみな $x-3$ の倍数となっている。つまり、求めているイデアルは、

$\quad$ $\{3$ を零点としてもつ多項式 $f(x)$ の全体$\}$
$\quad$ $=\{(x-3)$ の倍数の全体$\}$
$\quad$ $=\{h(x)(x-3)$ となる多項式の全体$\}$

ということである。

代数的集合 W のすべての点を零点としてもつ多項式の全体を専門的に $I(W)$ という記号で書く。イデアルになることから $I(\ )$ という記号を使っているのだ。今の例では、$W=\{3\}$ だから、

$I(\{3\})=\{h(x)(x-3)$ となる多項式の全体$\}$

ということになる（図7-3）。

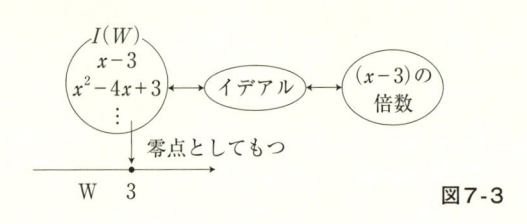

$I(W)$
$x-3$
x^2-4x+3
⋮

↔ イデアル ↔ $(x-3)$ の倍数

↓ 零点としてもつ

W 3

図7-3

上記の $x=3$ の議論は一般化できる。

数 α の1点だけから成る代数的集合 $W=\{\alpha\}$ を考え、W の点を零点にもつ多項式の全体の集合を考えよう。今の議論でわかるように、このイデアル $I(W)$ は多項式 $(x-\alpha)$ の倍数全体の作る集合となる。つまり、多項式 $f(x)$ について、「$f(a)=0$ を満たすこと」と「$f(x)=(x-a)h(x)$ と因数分解できる」ことは同値だとわかる（このことはすでに102ページや114ページで利用されている）。これは、高校では「因数定理」という名で教わる有名な定理である。このように、因数定理を現代的な見方で述べたものこそが、イデアル $I(W)$ なわけだ。

これは、W が何点から成る点集合でも同じであることが類推できるだろう。いくつかの多項式の集合 $S = \{f, g, \cdots\}$ の共通の零点を集めて作られる代数的集合 W（これは前の節では、$W = V(f, g, \cdots)$ と定義された）があって、その W を零点として含む多項式の全体 $I(W)$ を作ると、それは元の $S = \{f, g, \cdots\}$ を含むもっと大きな集合になる。その集合 $I(W)$ は必ずイデアルを形成する。このことからも、イデアルが数学でいかに大事な役割を果たしているかがわかる。

◆めいっぱい飽和した連立方程式

前節で、代数的集合 W という点集合を零点として含む多項式をすべて集めて $I(W)$ を作ると、それは W を定義したいくつかの多項式を含むもっと大きな集合であり、かつイデアルになることを説明した。次に、これがどのくらい大きいのかを考えることにしよう。そのために、多項式のイデアル $I(W)$ に属するすべての多項式の共通の零点になる点を調べることにする。

これも具体例で考えよう。

まず、先ほどの例 $W = \{3\}$ とする。これは、たとえば、多項式 $x - 3$ の零点で与えられる。つまり、

$$V(x - 3) = W$$

この W に対して、W の点を零点として含む多項式の集合は、前節で求めたように、

$$I(\{3\}) = \{h(x)(x - 3) \text{ となる多項式の全体}\}$$

であった。

ここで、$h(x)(x-3)$ という形で書ける多項式は無限にあるが、この共通の零点はなんだろうか。$I(\{3\})$ には、$x-3$ が要素として含まれ、その零点は $x=3$ のみだから、$I(\{3\})$ に属するすべての多項式の共通零点は3のみということがわかる。すなわち、
$$V(I(\{3\})) = \{3\}$$
となる、ということである。

同様にして、$W=\{1, 3\}$ の場合を考えてみよう。

$I(\{1, 3\})$ はどんなイデアルだろうか。それは、
$I(\{1, 3\}) = \{h(x)(x-1)(x-3)$ となる多項式の全体$\}$
つまり、$I(\{1, 3\})$ は $(x-1)(x-3)$ の倍数の成すイデアルということになる。このことは、次のように証明できる。イデアルであることは、1点の場合と同じに証明できる。イデアルだから、ある多項式 $p(x)$ の倍数でなければならない。一方、イデアル $I(\{1, 3\})$ は多項式 $(x-1)(x-3)$ を要素にもっている。なぜなら、この多項式は、1と3を零点にもっているからである。すると、多項式 $p(x)$ は多項式
$$(x-1)(x-3)$$
を割り切らねばならない。これは、次の4種類しかない。

(定数), (定数)$\times (x-1)$,

(定数)$\times (x-3)$, (定数)$\times (x-1)(x-3)$

最初の三つが、1と3両方を零点とするには、(定数)のところが0でなければならない。しかし、これはイ

第7章 図形のなかの"素数"

デアルが $\{0\}$ となってしまうので矛盾。これによって、$I(\{1, 3\})$ は $(x-1)(x-3)$ の倍数の成すイデアルだと判明した。

次に、イデアル $I(\{1, 3\})$ に属する多項式すべてに共通する零点を求めることにしよう。これは、記号で書けば、$V(I(\{1, 3\}))$ である。

今、$I(\{1, 3\})$ は $(x-1)(x-3)$ の倍数の全体から成ることがわかったので、共通の零点は1と3だけで、ほかの数は含まれないことがわかる。すなわち、

$$V(I(\{1, 3\})) = \{1, 3\}$$

となるのである。

つまり、この二つの例では、代数的集合 W の点すべてを零点としてもつ多項式の作るイデアル $I(W)$ があって、そのイデアル $I(W)$ に属する多項式すべての共通零点は W 自身となっている。このことは、何点から成る点集合でも成り立つことは容易に想像できる。上記の2点の場合の議論を一般化するだけでいい。要するに、

$$V(I(W)) = W$$

が一般に成り立つのである。

この意味は何だろうか。代数的集合 W は、いくつかの多項式の共通の零点として定義される。しかし、W を零点としてもつような多項式はほかにもたくさんある。それを全部集めてくると、無数の多項式から成る巨大な集合 $I(W)$ ができる。$I(W)$ に属する多項式を一つだけ抜き出すなら、その多項式は W の点

全部を零点としてもった上で、W以外の零点をもっていてもかまわない。しかし、$I(W)$のすべての多項式の共通の零点となるのは、ぴったりWだけなのである。

つまり、$I(W)$は、点の集合Wを共通の零点としてもつ多項式たちについての、もっとも大きな集合ということになる。つまり、Wは$I(W)$の多項式を（多項式＝0）とおいて作った無限個の連立方程式の解だと理解できる。この連立方程式は、「飽和方程式系」と呼ばれる。$I(W)$は、Wを定義するためにめいっぱい大きくして、飽和になった方程式の体系だということである。

　　　　代数的集合W→それを解にもつ多項式の集
　　　　合$I(W)$→それらの共通の解→W

ということだ。

◆ **イデアルのほうから出発すると？**

次に、零点の作る代数的集合Wから出発するのではなく、多項式のイデアルIから出発したらどうなるかを考えてみよう。

今、多項式から成るイデアルIが与えられたとする。すると、このIに属するすべての多項式の共通零点の集合は代数的集合で、$V(I)$と記された。これをWとしよう。このWに対して飽和方程式系であるイデアル$I(W)$を作ったらどうなるだろう。つまり、$I(V(I))$はIに戻るか、ということだ。残念ながら

そうはならないのだ。つまり、

> 多項式のイデアル I →それの共通の解 W →それを解とする多項式のイデアル $I(W)$ → I ではない

ということ。

そうならない例として、イデアル

$I = \{x^2 - 6x + 9 \text{の倍数の全体}\}$

を挙げることができる。最初の節で説明したように、$x^2 - 6x + 9$ の零点は 3 のみ。つまり、

$W = V(I) = \{3\}$

この代数的集合 $W = \{3\}$ に対して、これを零点にもつ多項式の成すイデアルは、解説したように、

$I(W) = I(\{3\}) = \{(x-3) \text{の倍数の全体}\}$

であった。したがって，

$I(V(I)) = \{(x-3) \text{の倍数の全体}\}$

であり、これは元の $I = \{x^2 - 6x + 9 \text{の倍数の全体}\}$ と一致しない。

つまり、イデアルから出発して、その共通零点としての代数的集合を作って、その代数的集合を零点としてもつ多項式を集めると、元のイデアルとは異なるイデアルとなってしまうわけなのだ。

このイデアル $I(V(I))$ がどんなイデアルになるか、ということは、ヒルベルトという数学者が解決を与えた。ヒルベルトは 20 世紀最大の数学者と呼ばれている偉大な数学者だ。彼は、零点を複素数のなかにプロットする場合には、$I(V(I))$ は

{何乗かするとIに入るような多項式の集合}というイデアルと一致することを証明した。このことは、多変数の場合でも成り立つ。この定理は、現在では、「ヒルベルトの零点定理」と呼ばれる有名な定理である。残念ながら、この偉大な定理を証明するには、高度な代数学の知識が必要なので本書で紹介することはできない（どうしても知りたければ [13] 参照）。

◆方程式で図形を描く

2変数多項式の零点の話に進もう。2変数多項式とは、たとえば、

$x - y$

のように、変数がxとyと2個入っている多項式。変数が2個あるので、$f(x, y) = x - y$のように、$f(x, y)$という記号が用いられる。この多項式$f(x, y) = x - y$の零点というのは、$x - y = 0$を満たす点(x, y)の集合である。たとえば、$(1, 1)$とか$(3, 3)$などが零点の例となる。これらの零点をすべて座標平面上にプロットしていくと、どんな図形を描くだろうか。これは中学生で習う。

方程式$x - y = 0$を変形すれば、$y = x$という1次関数になるので、この1次関数のグラフが多項式$f(x, y)$の零点の集合ということになり、図示すれば図7-4の直線になる。もう少し詳しく言うと、多項式$f(x, y)$の零点は$(1, 1)$や$(3, 3)$など無限にあるが、それ

らは全部この直線 $y = x$ 上に並んでいるし、逆に直線 $y = x$ 上の点はすべて零点である、ということだ。

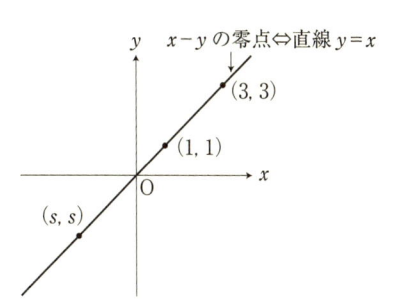

図7-4

次に、2変数多項式
$$g(x, y) = x^2 - y$$
を考えよう。この多項式 $g(x, y) = x^2 - y$ の零点は、方程式 $x^2 - y = 0$ を満たす点で、たとえば、$(1, 1)$ とか $(2, 4)$ とかが例となる。方程式を変形すれば、$y = x^2$ となり、これは2次関数だから、零点の集合は図7-5のような放物線を描くことになる。

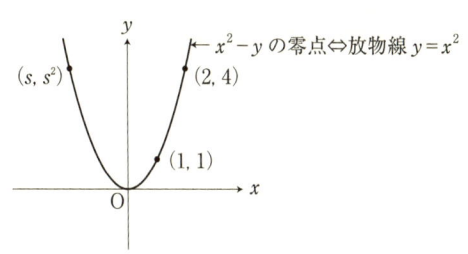

図7-5

このように、2変数関数の零点の集合は座標平面上の曲線を描く。

 ここまでは中学の内容だが、次からの例は高校の内容となる。まず、2変数多項式

$$h(x, y) = x^2 - y^2$$

を考えてみよう。この多項式の零点は方程式$x^2 - y^2 = 0$を満たす(x, y)となる。この左辺は、うまい具合に因数分解できて、

$$(x - y)(x + y) = 0$$

である。これまでもたびたび使った「掛けて0なら、少なくとも一方は0」の原理を利用すれば、

$$x - y = 0 \text{ または } x + y = 0$$

とわかる。前者のグラフは、関数$y = x$のグラフと同一で、後者のグラフは、関数$y = -x$のグラフと同一となるから、多項式$h(x, y)$の零点は、図7-6のように、2直線を合体したものとなる。

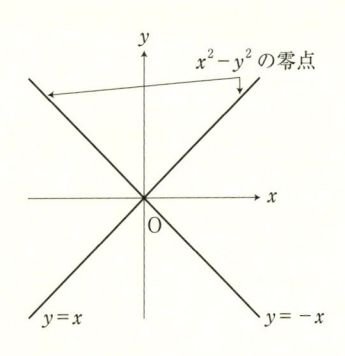

図7-6

第7章　図形のなかの"素数"

　もう一つ別の2変数多項式
$$k(x, y) = x^2 + y^2 - 1$$
の零点を考えよう。この多項式の零点は、方程式$x^2 + y^2 = 1$を満たす点(x, y)の集まりとなる。実は、これは原点$(0, 0)$を中心として半径1の円の円周となる。なぜ、そうであるかは、図7-7を眺め、直角三角形OABにピタゴラスの定理を用いてみればわかる。

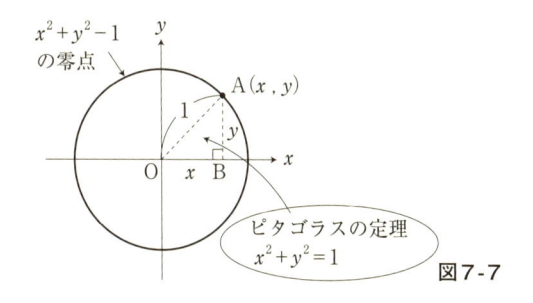

図7-7

　このように、直線や円などの幾何図形を、代数方程式の零点として表現できるようになったことで、幾何学の研究は飛躍的に進歩することとなった。幾何学は紀元前のギリシャ時代で研究されたが、17世紀の数学者デカルト以降、方程式の解を分析して幾何学を展開するようになったのだ。つまり、幾何学の研究は方程式の研究に置き換えられるし、逆に方程式を幾何学のなかで図形化できるようになったのである。これによって、ギリシャ時代には直観が届かなかったことも証明できるようになった。

169

◆2変数多項式で作られる代数的集合

1変数のときと同様、2変数多項式たちの共通の零点として定義される図形も「代数的集合」と呼ぶ。2変数多項式のいくつかの集合を S とするとき、S に属する多項式の共通の零点を $V(S)$ と書く。

たとえば、前節で見たように、多項式 $f(x, y) = x - y$ については、

$$V(f) = [関数 y = x が描く直線]$$

となる。また、多項式 $g(x, y) = x^2 - y$ に対しては、

$$V(g) = [関数 y = x^2 が描く放物線]$$

また、この二つの多項式から作られる代数的集合 $V(f, g)$ は、この二つの多項式の共通の零点だから、$y = x$ と $y = x^2$ との交点の集合であり、$(0, 0)$ と $(1, 1)$。すなわち、$V(f, g)$ は2点から成る集合、

$$V(f, g) = \{(0, 0), (1, 1)\}$$

となる（図7-8）。

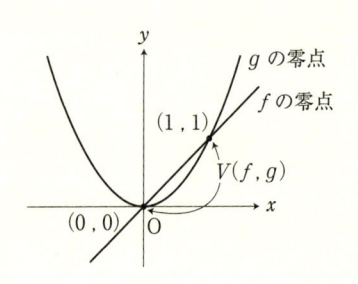

図7-8

非常に特殊な場合として、多項式 $x - 1$ と多項式 y

−2から作られる代数的集合を考えよう。多項式 $x-1$ と多項式 $y-2$ は変数を1個しか含まないので1変数の多項式のように見えるが、ここでは、前者を y の項が現れない2変数の多項式、後者を x の項が現れない2変数の多項式とみなす。このとき、

$$V(x-1) = \{x-1=0 \text{ を満たす点}(x, y)\}$$
$$= [\text{直線}\, x=1]$$

となる。同様にして、

$$V(y-2) = \{y-2=0 \text{ を満たす点}(x, y)\}$$
$$= [\text{直線}\, y=2]$$

となる。したがって、二つの直線の交点が $(1, 2)$ であることから、

$$V(x-1, y-2) = \{(1, 2)\}$$

となる。つまり、この代数的集合は1点から成る(図7-9)。

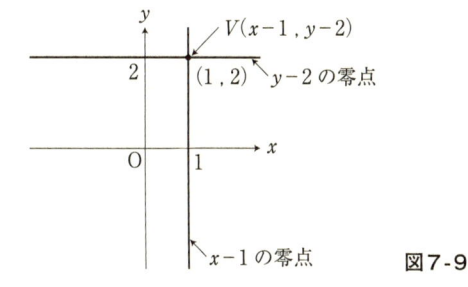

図7-9

2変数多項式から作られる代数的集合 W は、前述のように、直線や放物線や円などの曲線図形であるこ

ともあれば、それらの交点の集合の場合もある。そういう意味で、1変数の場合よりずっと豊かで複雑になっている。

◆図形から方程式に戻る

次に考えることは、1変数の場合と同様、「代数的集合が先に与えられたとき、その集合の点すべてを零点としてもつ多項式は何か」という問題だ。代数的集合 W に属する点をすべて零点としてもつ多項式の集合を $I(W)$ という記号で書いたことを思い出そう。$I(W)$ がイデアルになることは、2変数でもまったく同様である。

いくつかの代数的集合 W の例について、$I(W)$ を具体的に求めてみる。

最初に、W を多項式 $x-y$ の零点から成る零点集合とする。これは図7-4の図形だった。この W に対して、$I(W)$ を求めてみよう。

この W は、図に見られるように、明らかに任意の実数 s に対する (s, s) という点から成る。したがって、求めたい $I(W)$ に属する多項式 $f(x, y)$ は、任意の実数 s に対して、$f(s, s) = 0$ を満たすものである。このような多項式はどんな多項式になるだろうか。

まず、多項式 $(x-y)$ の倍数はみな $I(W)$ に属することを確認しよう。実際、$(x-y)h(x, y)$ という形の多項式に点 (s, s) を代入すれば、
$$(s-s)h(s, s) = 0 \times h(s, s) = 0$$

となり、点 (s, s) がこの多項式の零点となる。実は、$I(W)$ に含まれる多項式は、$(x-y)$ の倍数である多項式に限ることが証明できる。

ここで、129ページで紹介した「多項式の割り算」を思い出してほしい。それは、次のような定理だった（わかりやすさのため129ページと少し表現を変えた）。

---〈多項式の除法の基本原理〉---
A, B は x の1変数多項式で A は 0 でないとする。このとき、A の倍数 AQ の中で $B - AQ = R$ の次数が A の次数未満となるようなものが唯一存在する。

このとき、Q を「B を A で割った商」、R を「B を A で割った余り」と呼んだ。

今、$I(W)$ に属する任意の多項式 $f(x, y)$ を取ろう。この多項式のなかの y を定数だとみなし、多項式 $(x-y)$ に対しても y は定数だとみなし、x だけの1変数多項式として、$f(x, y)$ を $(x-y)$ で割った商を Q、余りを R とする（例を図7-10に挙げた）。

このとき、上記の定理から、
$$f(x, y) - (x - y)Q = R$$
となって、R は x については1次未満の次数になる。すると、余り R は変数 x を含まない y だけの多項式 $r(y)$ となる。そこでこの式の両辺に、s を任意の実

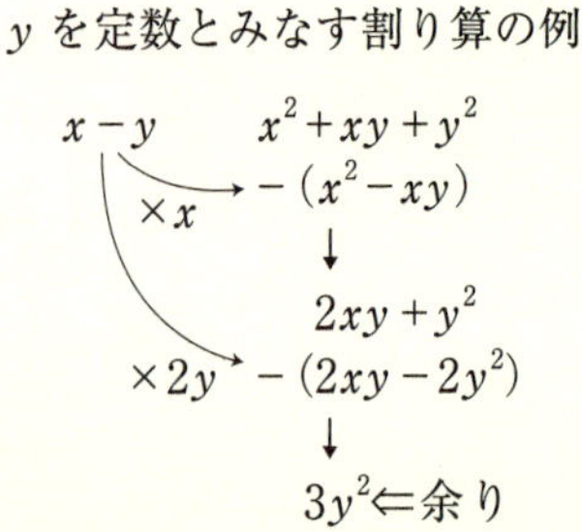

y を定数とみなす割り算の例

$$\begin{array}{rl} x-y & x^2+xy+y^2 \\ & -(x^2-xy) \\ & \downarrow \\ & 2xy+y^2 \\ & -(2xy-2y^2) \\ & \downarrow \\ & 3y^2 \Leftarrow \text{余り} \end{array}$$

(矢印: $\times x$, $\times 2y$)

図7-10

数として、点 (s, s) を代入してみよう。

$$f(s, s) - (s-s)Q = r(s)$$

$f(s, s) = 0$ と仮定されているから、左辺は0。つまり、任意の実数 s に対して $r(s) = 0$ であるとわかった。どんな実数を代入しても0となる多項式はそもそも式として0でなければならない。つまり、(多項式 R) = (多項式としての0)。これを元の式に代入すれば、

$$f(x, y) - (x-y)Q = 0$$

から、$f(x, y) = (x-y)Q$ が得られ、多項式 $f(x, y)$ は多項式 $(x-y)$ の倍数と証明された。以上のことから、考えていた $I(W)$ について、

$$I(W) = \{(x-y) \text{ の倍数の全体}\}$$
$$ = \{(x-y)h(x, y) \text{ の形の多項式の全体}\}$$

と示されたことになる。

 もう一つ例を見てみる。W を代数的集合 $V(x^2-y)$ として、このときの $I(W)$ を求めてみよう。それ

は、

$$I(W) = \{(x^2 - y) \text{ の倍数の全体}\}$$

となる。実際、$I(W)$ に属する $f(x, y)$（すなわち、放物線 $y = x^2$ の点すべてを零点とする多項式）に対し、これを y だけの多項式とみなす。そして、これを $(x^2 - y)$ を y だけの多項式とみなしたもので割り算して、商を Q、余りを R とする。

$$f(x, y) - (x^2 - y)Q = R$$

R は、y については 1 次未満となるから、すなわち x だけの多項式となり、あとは上の議論とまったく同じである。

ここまでの例では、結局、イデアル $I(W)$ は何か一つの多項式の倍数の全体となっているので、1 変数についての結果と同じだ。しかし、2 変数については、1 変数と根本的に異なるケースが出てくる。次節でそれを解説しよう。

◆1 点から作られるイデアルは特殊

最後の例として、図 7-9 で扱った代数的集合

$$V(x - 1, y - 2) = \{(1, 2)\}$$

を W としてみる。W は 1 点 $(1, 2)$ から成る集合だ。この W に対してイデアル $I(W)$ を求めてみよう。

結論を先に言ってしまうと、

$$I(W) = \{(x - 1) \text{ の倍数と } (y - 2) \text{ の倍数}$$
$$\text{の和で書けるような多項式の全体}\}$$

となる。つまり、

$$(x-1)h(x, y) + (y-2)k(x, y) \quad \cdots ①$$

という形の多項式の全体ということ。

まず、この形の多項式が $I(W)$ に含まれることを示す。実際、点 $(1, 2)$ を代入すると、

$$(1-1)h(1, 2) + (2-2)k(1, 2) = 0 + 0 = 0$$

となっているので、この形の多項式は実際に点 $(1, 2)$ を零点としている。

さらに、この形の多項式の集合がイデアルを成すことも具体的に確かめておく。①の形の式二つを加え合わせても、引いても、①の形の式であることは明らかだ。さらに、①の形の式にどんな多項式を掛けても、①の形の式となることも容易にわかる。だから、イデアルの2条件を満たしているので、①の形の式をすべて集めた集合は、確かに、イデアルになっている。

逆に、イデアル $I(W)$ に含まれる多項式はみな①の形で表現できることを証明しよう。

今、$f(x, y)$ を $I(W)$ に含まれる多項式とする。これは、$f(1, 2) = 0$ であることを意味する。この $f(x, y)$ を、y は定数とみなし、x だけの多項式と捉えて、1次多項式 $(x-1)$ で割った商を H、余りを R としよう。そうすると、「多項式の除法の基本原理」から、

$$f(x, y) - (x-1)H = R \quad \cdots ②$$

となる。ここで、余りの多項式 R は x について1次未満でなければならないから、y だけの多項式、つまり、$R = r(y)$ と表現できる。そこで、この y だけの多項式 $r(y)$ を1次多項式 $(y-2)$ で割った商を K とする。

1次式で割っているので、余りは定数（0次式）となる。それをcと書こう。

つまり、
$$r(y) - (y-2)K = c \qquad \cdots ③$$
以上の②と③から、次の式が得られる。
$$f(x, y) = (x-1)H + (y-2)K + c \qquad \cdots ④$$
この④式の両辺に点$(1, 2)$を代入してみよう。
$$f(1, 2) = (1-1)H + (2-2)K + c$$
左辺は先ほど説明したように0だから、この式から定数$c = 0$とわかる。すると、④から、
$$f(x, y) = (x-1)H + (y-2)K$$
と書けることがわかる。これで、めでたく$f(x, y)$が①の形の多項式であることが証明できた。

これは、二つの多項式の倍数の和という形になっているので、一つの多項式の倍数という形の集合とは違う。実際、$I(W)$は多項式$(x-1)$と$(y-2)$をそれぞれ要素として含んでいるが、これを共通の倍数とできるのは定数だけだから、$I(W)$は一つの多項式の倍数の集合とはならないのである。

ところでこの場合も、今までと同じく、$V(I(W)) = W$となることを確認されたし。実際、$W = \{(1, 2)\}$を零点にもつ多項式の全体は、①で与えられる。さらには、①の全多項式の共通の零点になっているのはWのみである。このように、$V(I(W)) = W$は、どんな代数的集合Wにも成り立つのである。

◆極大イデアルは1点からできる

 今まで、代数的集合 W からその飽和方程式系としてイデアル $I(W)$ ができることを解説してきた。しかし、分析がここに留まってはつまらない。ここで、イデアルには特別なイデアルがあったことを思い出そう。「極大イデアル」と「素イデアル」がそれであった。これらの定義については、26、27ページで解説した。そこで、イデアル $I(W)$ がどんなときに極大イデアルになるか、また、どんなときに素イデアルになるか、それを分析してみることにしたい。

 環 R を2変数多項式の全体とするとき、極大イデアルというのは、それを含んだ真に大きいイデアルが環 R 全体に限る、というものであった。つまり、全体以外に自分より真に大きいイデアルがない、ということだ（図1-3参照）。

 さて、イデアル $I(W)$ で極大イデアルになるものは、とても簡単だ。結論を先にいうと、「代数的集合 W が1点から成る集合のとき、またそのときに限り $I(W)$ は極大イデアルになる」のである。

 このことを具体例によって観察してみることにしよう。

 再び、多項式 $x-1$ と多項式 $y-2$ から定義される代数的集合 W を考えよう。

 このとき、$x-1=0$ は座標平面上の直線 $x=1$ で、$y-2=0$ は座標平面上の直線 $y=2$ だから、したがって W はその交点となり、

$$W = V(x-1, y-2) = \{(1, 2)\}$$

は1点から成る集合だ(図7-9)。

この場合、$I(W)$ は、前の節で示したように、

$I(W) = \{(x-1)\text{の倍数と}(y-2)\text{の倍数の和で書けるような多項式の全体}\}$

$ = \{(x-1)h(x, y) + (y-2)k(x, y) \text{の全体}\}$

という形のイデアルだった。

実はこのイデアルは極大イデアルになっている。どうしてか。

今、この $I(W)$ を丸ごと含んでいて、$I(W)$ より真に大きいイデアル J があったとしよう。J は $I(W)$ より真に大きいことから、$I(W)$ には属さない多項式 $f(x, y)$ が J に含まれている。この多項式 $f(x, y)$ の点 $(1, 2)$ での値を c と置こう。すなわち、

$$f(1, 2) = c$$

このとき、c は0ではない。なぜなら、もし0だったら、$f(x, y)$ は点 $(1, 2)$ を零点にもつので $I(W)$ に含まれてしまうから。そこで、別の多項式

$$g(x, y) = f(x, y) - c$$

を作ってみる。この $g(x, y)$ は

$$g(1, 2) = f(1, 2) - c = 0$$

となって $(1, 2)$ を零点にもつから、$g(x, y)$ は $I(W)$ に含まれなければならない。

一方、J は $I(W)$ を包含しているので、$g(x, y)$ は当然 J にも属している。そして、$f(x, y)$ はもともと J の要素だったから、J がイデアルであることから、

差も J の要素でなければならない。つまり、

$$f(x, y) - g(x, y) = f(x, y) - (f(x, y) - c) = c$$

は J に属している。そこで、定数 c がイデアル J の要素なので、どんな多項式を掛けてもそれは J の要素になる。$p(x, y)$ を任意の多項式とするとき、($c \neq 0$ に注意して) c がイデアル J に属しているので、

$$c \times \frac{1}{c} p(x, y) = p(x, y)$$

も J の要素になる。つまり、J はすべての多項式を要素にもつことが判明した。これは J が環 R 全体であることを意味するから $I(W)$ は極大イデアルであると証明された。

逆に、イデアル $I(W)$ が極大イデアルとなるのは、W が1点集合のときに限る。なぜなら、たとえば、W が少なくとも2点PとQを含んでいるとしよう。そして、点Pだけから成る代数的集合 $\{P\}$ を U とし、イデアル $I(U)$ を作る。イデアル $I(W)$ に属する多項式は少なくとも点Pと点Qを零点にもつ。そして、点Pを零点にもつことから、必ず $I(U)$ に含まれる。だから、$I(U)$ は $I(W)$ を丸ごと含んで、$I(W)$ より真に大きい（環 R でない）イデアルとなってしまう。つまり、$I(W)$ は極大イデアルではない。

◆ばらける図形・ばらけない図形

次に素イデアルのほうを考えよう。そのために、代数的集合である図形について、「**可約**」と「**既約**」とい

第7章 図形のなかの"素数"

う概念を導入する。

> 代数的集合 W に対して、点集合として次を満たす代数的集合 W_1 と W_2 が存在するとき、W は可約であるという。
> * W_1 と W_2 はともに、W の部分集合であり、W そのものではない。
> * W_1 と W_2 を合併すると W になる。

　要するに、代数的集合 W が二つの部分的な代数的集合 W_1 と W_2 に分割されるとき、W を可約というのだ。

　たとえば、多項式 $x^2 - y^2$ の零点である代数的集合（これは168ページに登場した）

$$W = V(x^2 - y^2)$$

は、図7-11の上段のようになっている。

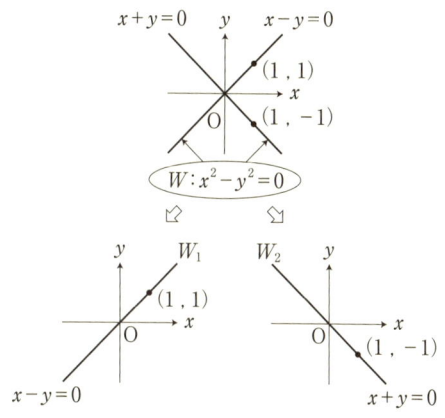

図7-11

このWは、下段の図のように、二つの代数的集合、直線$x-y=0$と直線$x+y=0$に分解される。つまり、

$$W_1 = V(x-y) \text{ と } W_2 = V(x+y)$$

に分解されるわけだ。このことは因数分解、

$$x^2 - y^2 = (x+y)(x-y)$$

からわかることだ。つまり、この代数的集合Wは二つのW_1とW_2に分割されるので可約ということになる（二つ以上の代数的集合にばらける場合）。

代数的集合Wが可約でない場合（ばらけない場合）、Wを**既約**と呼ぶ。

ここからが興味深いのだが、実は、代数的集合の既約性と素イデアルに、次のような緊密な関係があるのだ。すなわち、「Wが既約のとき、またそのときに限り、$I(W)$は素イデアルになる」のである。

素イデアルは、素数と密接な関係をもっていた。実際、整数の環では素数の倍数のイデアルは素イデアルであった。素数とは、「これ以上分解しない数」であったことを思い出そう。かたや、既約な代数的集合も「これ以上分解しない図形」である。このように、数概念と図形概念には、イデアルを通した類似性が見られるわけだ。これは、既約図形が「図形における素数」を表していると言っていい事実だろう。

この事実を理解するには、次のように言い換えてお

くほうが好都合である。すなわち、「W が可約のとき、またそのときに限り、$I(W)$ は素イデアルでない」。

この言い換えのほうを、具体例から検証していこう。

今、代数的集合 W を先ほどの、
$$W = V(x^2 - y^2)$$
とする。そして、この W に対するイデアル $I(W)$ を分析する。

まず、$x^2 - y^2$ が 0 となる点を W と定義しているので、明らかに多項式 $x^2 - y^2$ は $I(W)$ に属している。次に多項式 $x + y$ を考える。これは、$I(W)$ には属さない。なぜなら、たとえば W の点 $(1, 1)$ では 0 にならないからだ。さらに、多項式 $x - y$ を考える。これも $I(W)$ には属しない。なぜなら、たとえば W の点 $(1, -1)$ では 0 にならない。ところが、ともに $I(W)$ には属さない $x + y$ と $x - y$ を掛けてできる多項式 $x^2 - y^2$ は $I(W)$ に属している。これは、とりもなおさず、$I(W)$ が素イデアルでないことを意味している。

これと同じ手続きを一般に行うことで、W が可約であることと、$I(W)$ が素イデアルでないことが、まったく同じ条件であることが証明できる（詳しくは [10] を参照のこと）。

以上から、

代数的集合 W	⇔	イデアル $I(W)$
1点	⇔	極大イデアル
既約	⇔	素イデアル

という対応関係がわかった。

極大イデアルと素イデアルとを、このように図形的に理解すると、極大イデアルが必ず素イデアルであることはあたりまえだ、とわかる。なぜなら、極大イデアルは1点から成る図形から作られるが、1点から成る図形は明らかにこれ以上分解できないからだ。

他方、次の対応関係も思い出そう。

極大イデアル	⇔	素数
素イデアル	⇔	素数と0

このように、イデアルは、図形の空間と整数における素数とをつなぐ、かすがいとなっているのである(この章の内容のもっと踏み込んだ説明は [10] 参照のこと)。

次の章で、実際に、素数を空間化させ図形化させる方法をお見せする。

第8章

空間でないものを空間とみなす

　第7章では、(多項式＝0)という方程式から図形を描き、その図形とイデアルとを対応させることで、既約図形という"素数"に対応する概念を手に入れた、数学者の独特の世界観を説明した。この最終章では、「そもそも空間とは何か」ということについての数学者の見方を紹介する。

　19世紀の終わりぐらいから、集合を基礎に据えた数学者たちは、遠近感のある空間を集合で記述することに成功した。これが「位相」が導入された「位相空間」と呼ばれる空間である。位相を定義することによって、「図形の内部・外部・境界」とか「つながっている図形・切れている図形」とか「行き止まりのある図形・限界のない図形」などの概念を規定することが可能となった。さらには、位相によって、第3章で解説したホモロジー群の役割がはっきりすることになる。

　その後、20世紀の数学者たちは、空間などにはま

るで見えない対象を位相空間に仕立てることに成功した。顕著な例としては、素数の集合を空間化したスキーム理論を挙げることができる。本書の締めくくりとして、これらのファンタスティックな数学者の見方を解説したい。

◆図形を点の集合と見る

モノの集まりを「集合」と呼んで、数学的な対象とみなし分析をしたのは、19世紀の数学者カントールとデデキントであったことは何度でも解説した。とりわけ「イデアル」という集合を扱うことで、数学の世界は大きく広がった。彼らの研究以降、数学のすべての素材は、集合をベースに記述されるようになった。幾何的な図形を点の集合として記述するのが典型的なことである。この方法論は、第7章でも存分に使われた。

幾何的な図形を点の集合と見る見方は、「関数」や「写像」を扱うときにも便利になる。「写像」というのは、83ページで説明したが、「2種類の集合の間に対応関係をつけること」と規定することができる。とりわけ両方の集合を数集合とした場合が「関数」である。

この際、図形を点の集合とみなすことができれば、図形と図形の間に「写像」を定義することができる。これが可能になると、「図形を連続変形する」というような作業を数学的に記述することができるようになり、抽象的な数学にばかりではなく、具体的なテクノ

第8章　空間でないものを空間とみなす

ロジーにも応用ができる。つまり、数学が実用化されることになるのである。

◆開区間と閉区間

図形を点の集合として扱う場合、見た目にはたいした違いのない図形が、大きな違いをもってくる。その一例として、「0より大きく1より小さい数の集合I」、すなわち、「$0 < x < 1$を満たすxの集合I」と、「0以上1以下の数の集合J」、すなわち、「$0 \leqq x \leqq 1$を満たすxの集合J」を観察してみよう。数学記号では、小カッコと大カッコの区別で表現する。

$I = (0, 1)$
$J = [0, 1]$

と記す（今までイデアルを表すのに主にアルファベットIを用いたが、ここではイデアルの意味には使わない）。

図示する場合には、図8-1のようになる。白丸はその点を含まないこと、黒丸は、その点を含むことを表す。このことは、不等号では「<」と「≦」の違いに表れる。

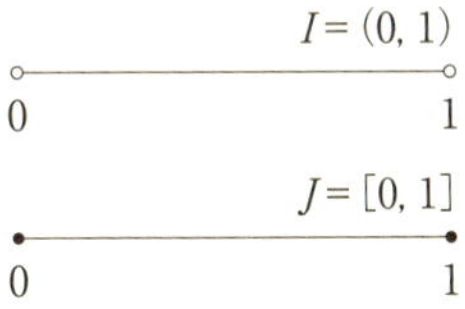

$I = (0, 1)$
○─────────○
0　　　　　　1

$J = [0, 1]$
●─────────●
0　　　　　　1

図8-1

集合 I のように端点を含まない区間を「**開区間**」と呼ぶ。他方、集合 J のように端点を含む区間を「**閉区間**」と呼ぶ。

　開区間と閉区間には、数学的に大きな違いが出る。閉区間 J ($0 \leq x \leq 1$ という区間)には、最大値と最小値が存在する。$x = 1$ が最大値、$x = 0$ が最小値である。他方、開区間 I ($0 < x < 1$ という区間)には最大値も最小値も存在しない。なぜなら、端点である $x = 1$ も $x = 0$ も区間のなかに含まれないからだ。

　不等号の扱いを初めて習うのは中学生だ。多くの人は、中学生のとき、「<」と「≦」をなんで厳密に区別しなければならないのかと疑問に思い、イラついたことだろう。しかし、実は、この違いは、中学生が考えるよりずっと大きなものなのだ。そればかりではない、数学者が一生懸命考えた末にやっと手なずけられた性質のものなのである。すなわち、この開区間や閉区間という概念を利用することで、数学者たちは、図形の「構造」を分析する手法を手に入れたのである。

◆「周辺」を数学化する

　開区間という道具が大事なのは、「**周辺**」とか「**近隣**」とか「**連なり**」とかいった概念を数学的に定義できるようになるからだ。

　たとえば、数から成るある集合を与えられたとき、「その集合に属するどの数に対しても、その数のごく近くはまるごとその集合に属している」という性質を

考えてみよう。卑近な言い方をすれば、「どの家もその近隣の家は同じ町に属している」という性質ということになる。

たとえば、閉区間 $J = [0, 1]$（$0 \leq x \leq 1$ という集合）を考えると、この性質をもっていないことがわかる。実際、数 1 の周辺は、どんなに近い場所をみても、右側（1 より大きい側）がこの集合からはみ出してしまう。「町」のたとえで言うなら、町の境目にある家の、一方の側の隣家は、同じ町には属さない、ということである。

他方、開区間 $I = (0, 1)$（$0 < x < 1$ という集合）は、この性質をもっている。この集合 I に属するどの数をとっても、その数より少し大きい数全部と、少し小さい数全部が、この集合に属している。「町」のたとえで言うなら、この町では、どの家に対しても、その近隣全部が同じ町に属す、という不思議な性質を備えているのである。別の言い方をすれば、この町では、どの家も町境にはない、ということだ。

閉区間にこのような性質がなく、開区間にあるのは、閉区間には最大値・最小値があって、開区間にはそれがないからにほかならない。もうちょっと詳しく言うと、この性質は、開区間が「べたーっと連続的に数が並んでいる上、境目がない」から生じる、ということである。

◆図形の内部・外部・境界を定義する

この開区間の概念を使うと、図形に「**内部**」「**外部**」「**境界**」を定義することができる。

読者は、「図形の内部・外部・境界なんか見ればわかる」と言うかもしれないが、それは日常的な感覚にすぎない。数学が扱う図形は、一般には抽象的なものであり、必ずしも目で見えるものではない。たとえば、第3章で紹介した射影平面 (53ページ) などは想像の及ばない図形の典型である。このような日常感覚を超えた抽象的な図形に対して、内部・外部・境界を定義するのは簡単なことではない。

内部・外部・境界を定義するために、まず、数直線上の開区間の概念 (1次元の概念) を、もっと高次元の空間へ拡張しておく必要がある。

空間において、ある点Aから距離 $r(r>0)$ 未満の距離にある点の集合を「Aを中心とした半径 r の開球」と呼ぶ。空間を数直線とすれば、開球は先ほどの開区間と一致する。

空間を平面とすれば、開球は円から周を取り除いたものになる (図8-2)。空間を3次元空間とするなら、開球は球からその表面を取り除いたものになる。開球のポイントは、境目の点を含まない、ということなのだ。

開球を使うと、ある図形 X (点の集合) が与えられたとき、図形 X の点Aが「内部の点である」ことは次のように定義される。すなわち、「点Aを中心とする

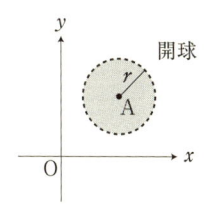

第8章　空間でないものを空間とみなす

図8-2

開球で図形Xの部分集合となるものが存在する」、と取り決めるのである（図8-3）。これは、図形Xの点たちが点Aの周辺で「四方八方、べたーっと連なっている」という感じのことを言っていると思っていい。

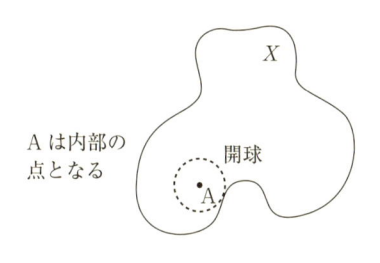

図8-3

たとえば、閉区間$J = [0, 1]$（$0 \leq x \leq 1$の集合）を図形Xと考えてみよう（図8-4）。

このとき、$x = 0.5$の点をAとするなら、Aは内部の点だ。なぜなら、Aを中心とする開区間（開球）$0.4 < x < 0.6$がXの部分集合として存在するからである。他方、$x = 1$の点Bは内部の点ではない。なぜなら、Bを中心とするいかなる開区間（開球）も、図形Xから（右に）はみ出してしまうからだ。

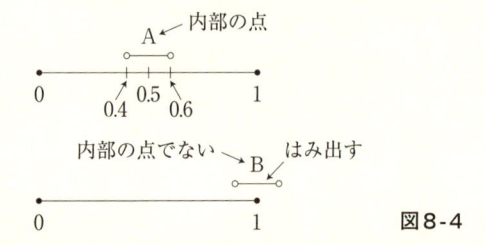

図8-4 の説明:
- A ← 内部の点 (0, 0.4, 0.5, 0.6, 1)
- 内部の点でない → B ← はみ出す (0, 1)

　このように、「図形の内部の点」が定義できてしまうと、あとは簡単である。図形 X の「外部の点」は、「図形 X に属さない点の集合の内部の点」と定義すればよい。

　集合 X に対して、集合 X に属さない要素の集合を「X の補集合」と呼び、X^c と記す。たとえば、閉区間 $J = [0, 1]$（$0 \leq x \leq 1$ の集合）の補集合 J^c は「$x < 0$ または $1 < x$」となる。

　図形 X の「外部の点」は、「X の補集合 X^c の内部の点」と定義される。

　最後に、図形 X の「境界の点」は、「図形 X の内部の点でもなく、外部の点でもない点」と取り決められる。

　たとえば、開区間 $I = (0, 1)$（$0 < x < 1$ の集合）を図形 X とすれば、図形 X のすべての点は「内部の点」になる。なぜだろうか。

　今、x を $0 < x < 1$ を満たす数としよう。このとき、仮に x が 1 よりも 0 のほうに近いとするなら開区間 $(\frac{1}{2}x, \frac{3}{2}x)$ を作る。これは x を中心とした半径 $\frac{1}{2}x$

の開球だ。半径が「xと0との距離」の半分なので、この開区間はまるまる区間Iに含まれる（図8-5）。もしも、xが1に近いなら、半径を1との距離の半分にすればよい。このように、どのxについてもxを中心とした少なくとも一つの開球が開区間Iに含まれるので、Iの任意の点は内部の点となる。

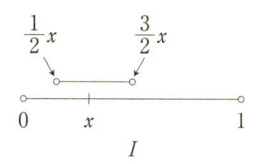

図8-5

図形X（＝開区間I）の補集合は「$x \leqq 0$または$1 \leqq x$を満たすxの点の集合」となる。この点集合の内部の点は「$x < 0$または$1 < x$を満たすxの点の集合」であることは容易に理解できるだろう。これらが、図形Xの外部の点となるのである。

すると図形Xの境界の点とは、内部の点でも外部の点でもない点なのだから、$x = 0$の点および$x = 1$の点となる。まさに、これが開区間$I = (0, 1)$の境界の点であることは、私たちのふつうの感覚とも一致している（図8-6）。

図8-6

◆位相とは何だ？

　以上で、開球を使って図形の「内部」「外部」「境界」を定めることに成功した。これによって、図形の「つながり方」から図形の「構造」を分類する、という、普段私たちが何気なくやっている判断を数学的に表現することができるようになる。それが「**位相**」という方法論だ（詳しくは [10] [11] [12] など）。

　私たちは、普段、地図を使うとき、いろいろなタイプの地図を使う。地図には、実際の地形をそのまま相似縮小したものもあるし、道の距離や幅などは実際の比例関係とは異なっているけれど、目印になる場所や曲がり角などを強調して目的地までの道すじをわかりやすくした簡易地図もある。私たちはそのような簡易地図でも（むしろ、そのような地図でのほうが）、きちんと目的地に到着することができる。それは、私たちの脳が、簡易地図と実際の地形とを同一のものと認識することができるからにほかならない。

　私たちの脳には、このように、「図形的なつながり方の構造が同じなら同じとみなせる」能力が備わっている。そのような能力を、数学によって表現するのが、「位相」なのである。

　たとえば今、図8-7のような図形Ω_1と図形Ω_2を見てみよう。ちなみに図形Ω_1は、第3章で扱ったものである。図形Ω_1は三角形に折れ線がくっついたものである。他方、Ω_2は円に円弧がくっついたもの。こういう言い方をすれば、この二つの図形は異なった

第8章　空間でないものを空間とみなす

ものになるが、私たちはこの二つの図形を同じものと捉える認識ももっている。実際、どちらも「ハンドバッグ形」とみなすことができる。そして、その違いは、「デザインの違い」とみなすのである。では、このような認識を、数学的に表現するには、次のようにすればいい。

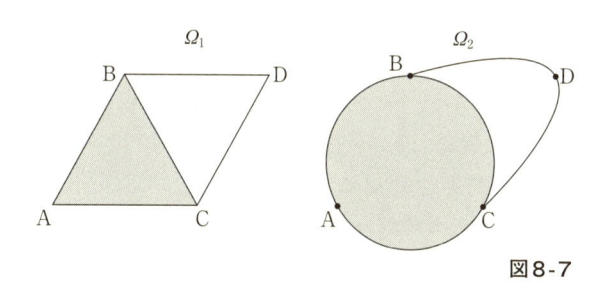

図8-7

まず、どちらの図形も、図形 ABC と図形 BDC が点 B と点 C で接続されたものだ。さらに、図形 ABC は内部の点集合に境界 ABC が張り付いたものである。また、図形 BDC は内部の点集合（線をなしている）に境界 B と C がくっついたもの。このように、両方の図形を同じように分解して捉えれば、同じ形状だと理解できることになる。

この感覚的なことを、もっと数学的にしっかりさせるには、第4章で説明した「写像」の考え方を利用すればよい。すなわち、図形 Ω_1 から図形 Ω_2 への対応関係を図8-8の「矢印」のように形成するのである。

図8-8

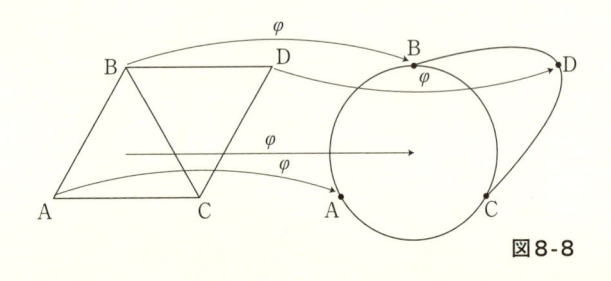

　具体的には、同じアルファベットを対応させる。そして、アルファベットの記入されていない点については、図8-9のように各図形に「番地」を振り、同じ番地の点を対応させるのである。まず、線BDCには、Bからの道のりの割合で0から1までの数字を割り振り、「番地」とする。次に、板ABCについては、中心をO(0, 0)とし、水平方向からの回転角とO(0, 0)から境界までの距離の何割にあたるかで「番地」を割り振る。

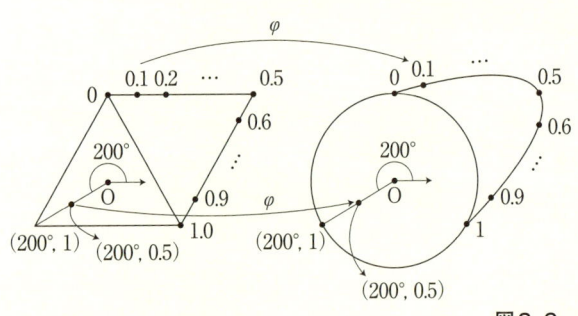

図8-9

たとえば、図においては、回転角200°で中心から0.5の割合にあたる点を指示している。このようにして割り振られた番地について、同じ番地の点が対応するように写像を作ればよい。

この写像によって、点と点だけではなく、点の周辺どうし（あとで開集合という言葉で定義される図形）も対応させることが可能だとわかるだろう。周辺どうしもぴったり対応させることができる、ということは、図形Ω_1と図形Ω_2では、点どうしだけではなく、「近隣関係」までも対応している、ということになる。つまり、それぞれの図形を地図だとみなせば、「同じ地図」だということになる。

以上のように、図形の形状を、開球を使った近隣関係で捉えることを「位相」と呼ぶ。位相は、空間を扱う上で、強力な武器となる。以下そのことを順に解説していくことにしよう。

◆「つながっている」「ちぎれている」

位相のもっとも重要な応用は、関数のグラフに対して「つながっている」「ちぎれている」という、いわゆる「連続性」を定義することである。グラフがひとつながりの線になる関数を「**連続関数**」、どこかでちぎれている関数を「**不連続関数**」と呼ぶ。

典型的な不連続関数としては、「タクシーの運賃の関数」をあげることができる。たとえば、タクシーの運賃は、一例をあげると、「２キロまでは710円、そ

のあとは288メートルごとに90円」のようになっている。これをグラフに描くと図8-10のようになる。グラフが点Aと点Bのところでちぎれてジャンプしているのは、ちょうど2キロの走行で料金が不連続に上昇するからである。このように、関数に不連続な変化があると、グラフはちぎれることになる。

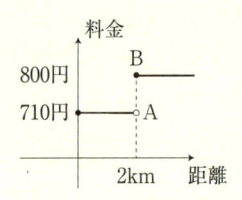

図8-10

余談だが、坂口安吾の有名な推理小説に『不連続殺人事件』というのがある。これは「連続殺人事件」をもじったタイトルで大変ユニークに思える。

このような関数の「連続性」「不連続性」は、位相を使うと捉えることが可能になる。関数での「開球の対応」を見ればいいのである。

たとえば、グラフが図8-11のようになる関数 $f(x)$ を考えてみよう。$x = 1$ のところで値がジャンプしているので、グラフがちぎれている。

このことは、位相的にはどのように現れるだろうか。

関数 $f(x)$ を写像と捉え、比喩的に言うと、$x = 1$ は $y = 3$ に対応しているが、$x = 1$ の右側の近隣が

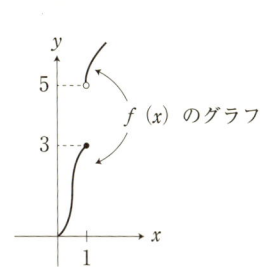

第8章 空間でないものを空間とみなす

図 8-11

$y=3$ の近隣に対応していないで値がふっとんでしまっている、ということである。

この比喩を数学的にきちんと表現すると、以下のようになる。

関数 $f(x)$ を写像と捉える。今、$y=3$ のところにこれを中心とする図 8-12 のような開区間（開球）I を取ろう。そして、写像 $f(x)$ によって、この開区間 I の点と対応するような x 軸上の点の集合を求めよう。

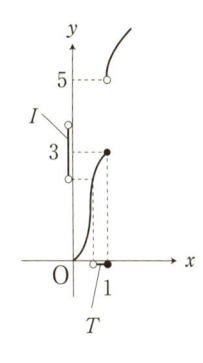

図 8-12

それは、図8-12の集合Tとなる。この集合Tにおいては、点1は内部の点でなく、境界になってしまっている（黒丸）。このことは、x軸上の点1の近隣で写像$f(x)$によってy軸上の点3の近隣に対応しないものがある、ということを意味している。実際、x軸上の点1の右近隣にある点が対応するy軸上の点は、開集合I（$=3$の近隣）の点には対応せず、ずっと離れたあたり（5のあたり）と対応しているのである。

このことを逆の視点から見てみよう。

グラフに切れ目がなくつながっているような、値にジャンプのない関数（写像）ではこういうことは起きない。図8-13を眺めながら読んでほしい。

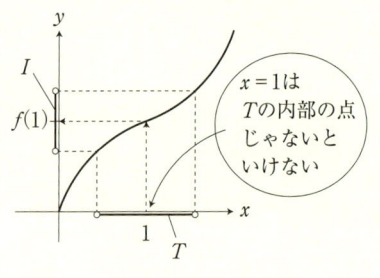

図8-13

x軸上の点1が写像$f(x)$で対応しているのは、y軸上の$f(1)$。この点$f(1)$に対して、その点を中心としたy軸上の任意の開区間I（開球）をとる。写像$f(x)$によってその開区間Iの点に対応するようなx軸上の点の集合Tは点1を内部の点としていなければならない。もしも、それが境界の点だったら、点1の近

隣の点で、その点が写像 $f(x)$ で対応する点が y 軸上の開区間 I から外に飛び出してしまうことになる。つまり、対応に不連続なジャンプがあることを意味するのである。

以上のことをきちんとまとめると、次のようになる。

すなわち、「点 $f(a)$ を中心とした開球の点たちと、写像 $f(x)$ によって対応する点 x を集めた集合のなかで a が内部の点」であれば、「写像 $f(x)$ には $x = a$ のところで連続」であり、「写像 $f(x)$ のグラフはつながっている(ちぎれていない)」、ということである。

このように、開球を使って位相を作り出すと、関数や写像の連続性をみごとに数学的に表現できるのである。

◆開球を一般化した開集合

数学者たちは、開球を使って「内部・外部・境界」や「連続・不連続」を表現することに成功したことで、もっと一般的でもっと抽象的な空間にも、位相を定義することを思いついた。それには次のようなプロセスをとる。

まず、開球を一般化したものとして、「**開集合**」という概念を定義しよう。

直線や平面などの空間における集合 T が「開集合」であるとは、T の任意の点が T の内部の点であること、と定義する。つまり、「全部が内部の点」である

ような図形を開集合と呼ぶのである。別の言い方をすると、「図形の境界の点がその図形の点でないようなもの」が開集合なのである。

開球は明らかに開集合である。また、二つの開球を合併した図形も開集合である。二つの開球の共通部分も開集合となる（図8-14）。三角形とか楕円などの一般的な図形から、その境界線を取り除いた図形は開集合となる。開集合とは、開球と同じように、任意の点についてその近隣の点すべてがその集合に属しているようなものなのである。

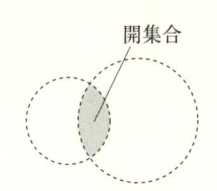

開集合

図8-14

次に、**閉集合**は「開集合の補集合」と定義される。逆にいうと、補集合 T^c が開集合になるような T が閉集合なのである。閉集合とは、境界が自分の点となっているような集合である（図8-15）。

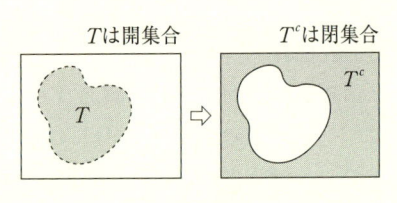

Tは開集合　　T^cは閉集合

T　⇒　T^c

図8-15

第8章　空間でないものを空間とみなす

◆開集合の性質

ここで、開集合の備える性質を分析しておこう。開集合は次の三つの性質を備えている。

---〈開集合の性質〉---
性質O1：全空間は開集合で、空集合 ϕ も開集合
性質O2：有限個または無限個の開集合を合併しても開集合
性質O3：有限個の開集合の共通部分は開集合

一番目O1は明らかである。二番目O2は次のように証明できる。今、開集合 $T_1, T_2, T_3, \cdots$ を合併した集合を T としよう。このとき、T が開集合であることを証明するには、T の任意の点 x が内部の点であることを言えばいい。T が $T_1, T_2, T_3, \cdots$ を合併したものだから、点 x はどれか一つの T_n の点である。すると、T_n が開集合であるから、x は内部の点であり、x を中心とした開球で T_n に包含されたものが存在する。するとその開球は、T にも含まれているので、x は T の内部の点となるのである（図8-16）。

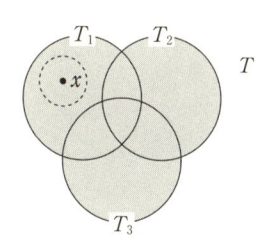

図8-16

三番目 O3 の性質で注意しなければならないのは、なぜ「有限個」という条件が必要か、ということ。逆に言うと、なぜ「無限個」では成り立たないのか、ということだ。

　まず、2 個の開集合 T_1, T_2 の共通部分を T とし、それが開集合であることを証明しよう。共通部分 T が空集合であるなら O1 から開集合である。そこで T は空集合でないとする。T の点 x を任意に選ぶと、それは T_1 の点でもあり、T_2 の点でもある。これらが開集合であることから、点 x を中心とした開球 S_1 で T_1 に包含されるものがあり、点 x を中心とした開球 S_2 で T_2 に包含されるものがある。図 8-17 を見ればわかるように、開球 S_1 と開球 S_2 のうち、小さいほうの開球は T_1 にも T_2 にも包含される。したがって、点 x は T の内部の点となる。

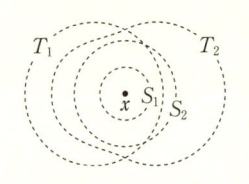

図8-17

　このように二つの開集合の共通部分が開集合とわかったので、三つの開集合の共通部分も開集合とわかる。なぜなら、二つの開集合の共通部分が開集合となり、それと三つ目の開集合との共通部分を作れば、それも開集合となるからである。

しかし、この方法を無限個まで広げることはできない。1個1個集合を付け加えて共通部分を作ることでは、いつまでたっても無限個の集合の共通部分には到達しないからである。実際、反例が存在する。今、開区間の集合

$T_1 = (0, 1.1)$, $T_2 = (0, 1.01)$, $T_3 = (0, 1.001)$, …

のように設定する。このとき、T_1, T_2, T_3,…すべての共通部分となるのは、$0 < x \leq 1$の範囲の数である。実際、この範囲の数がT_1, T_2, T_3,…すべての要素であることは明らかであろう。また、1よりちょっとでも大きい数（つまり、$1 < x$になるx）は、十分大きいnについて開区間T_nの要素でないことは、区間の右端がいくらでも1に近づいていくことからわかる。ところで、$0 < x \leq 1$のxの集合は境界の点1を要素とするので開集合ではない。これで反例が示せた。

数学者たちは、この三つの性質O1、O2、O3が位相の本質だと気がついた。つまり、開球などというものを持ち出さなくても、この三つの性質さえあれば基本的に今まで説明したことはすべて過不足なく再現できる、ということを発見したのである。

数学者たちは、次のようなことを考えた。集合Xにこの三つの性質をもつ部分集合の集まり（族と呼ぶ）が存在するなら、それらを「開集合」と定義することで、集合Xを「空間化」させてしまうことが可能である、と。

もう少しきちんと表現しよう。今、集合Xの部分

集合 $T_1, T_2, T_3, \cdots$ で、次の性質を満たすものが存在するとする。

―〈開集合の定義〉―
(i)　X と空集合 ϕ は $T_1, T_2, T_3, \cdots$ のどれかである。
(ii)　$T_1, T_2, T_3, \cdots$ のうちの有限個または無限個の合併でできる集合は、必ず $T_1, T_2, T_3, \cdots$ のどれかになる。
(iii)　$T_1, T_2, T_3, \cdots$ のうちの有限個の共通部分となる集合は、必ず $T_1, T_2, T_3, \cdots$ のどれかになる。

　この3条件を満たす $T_1, T_2, T_3, \cdots$ それぞれを集合 X の開集合と呼び、空間 X と $T_1, T_2, T_3, \cdots$ を組み合わせたものを「**位相空間**」$(X; T_1, T_2, T_3, \cdots)$ と定義するのだ。ここで $T_1, T_2, T_3, \cdots$ は、空間 X に遠近感のような構造を付与するものとなる。

　集合 X に開集合が定義されることで、どうして図形的構造が生じるのか。それをイメージ的にいうと、次のようになる。集合 X と要素 a だけだと「a は X に属する」「a は X に属さない」の2通りの関係しかない。しかし、開集合の族が与えられれば、「a は X の内部」「a は X の外部」「a は X の境界」と3通りの関係になる。関係が一つ増えるだけでなく、「内部」「外部」「境界」という「形」が付与されるのである。

◆図形を位相空間に仕立てる

　集合を空間化する例として、平面上の図形を位相空

間に仕立ててみよう。例として、図8-7で扱った「ハンドバッグ形Ω_1」を再度取り上げる。

このような平面上の一部分を成す図形に対して、平面のもっている位相から誘導した位相を導入することができる。どうやるかというと、「平面上の開集合Tと図形Ω_1との交わり$T \cap \Omega_1$」すべてを図形Ω_1の開集合だと定義するのである。たとえば、図8-18の網かけ部分と太線部は、どれも図形Ω_1の開集合となる。

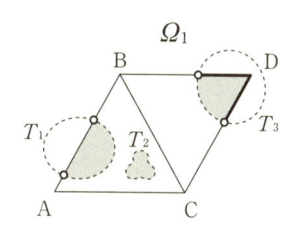

図8-18

なぜなら、$T_1, T_2, T_3, \cdots$が平面上のすべての開集合である場合、$T_1 \cap \Omega_1, T_2 \cap \Omega_1, T_3 \cap \Omega_1, \cdots$が上記の(i)(ii)(iii)を満たすことが確認できるからである。このように、平面上の図形に平面の位相から誘導した位相を導入した位相空間を部分位相空間と呼ぶ。これは、平面上の遠近感の構造を利用して、図形に遠近感を導入したものである。

このように図形を位相空間に仕立てることができると、いろいろ便利なことがある。

たとえば、図形がいくつの「ひとつながりの部分」から構成されるか、ということを定義できる。

たとえば、図8-19の図形 X_1 は、独立した四角形と三角形から成る図形であるから、「ひとつながりの図形」二つから成っている。他方、図形 X_2 は四角形と三角形が線でつながっているので、「ひとつながりの図形」である。この違いを、数学的に捉えるには、部分位相空間が役にたつ。

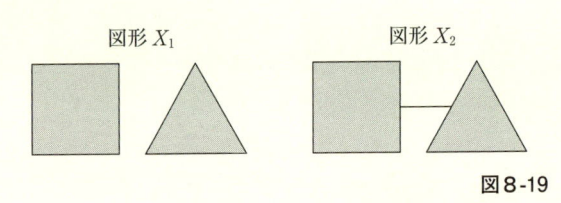

図形 X_1　　　　　図形 X_2

図8-19

「ひとつながりの図形」を、専門的には「**連結**」と呼び、次のように定義される。

〈連結の定義〉

位相空間 X が、どちらも空でない開集合 T と開集合 S で、共通部分がないようなもの二つの合併で表せないとき、X を連結と呼ぶ。

すなわち、「$X = T \cup S$, $T \neq \phi$, $S \neq \phi$, $T \cap S = \phi$ を満たす開集合 T と開集合 S が存在しない」、ということ。

まず、図形 X_1 を位相空間とみなしたとき、連結でないことを説明しよう。図8-20を見てほしい。

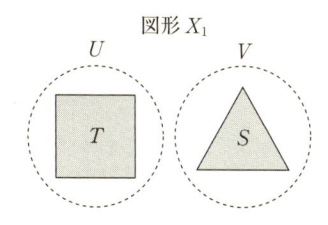

第8章　空間でないものを空間とみなす

図形 X_1

図 8-20

　図形 X_1 を平面の位相から誘導される位相空間とみなそう。そのとき、平面の開集合 U と図形 X_1 の共通部分は四角形 T であるから、四角形 T は開集合となる。同様に、開集合 V と図形 X_1 の共通部分が三角形 S であるから、三角形 S も開集合である。したがって、位相空間 X_1 は二つの空でない、交わりのない開集合の合併で表せたので、連結でないことがわかった。連結でない、ということは、つまり、二つの図形に分離される、ということである。

　他方、図形 X_2 はそうではない。実際、たとえば、図 8-21 のように平面の開集合 U と図形 X_2 との共通部分によって図形 X_2 の開集合 T を作ってみよう。図形 X_2 における T の補集合は集合 S であるが、これは境界点 P をもっているので開集合ではない。

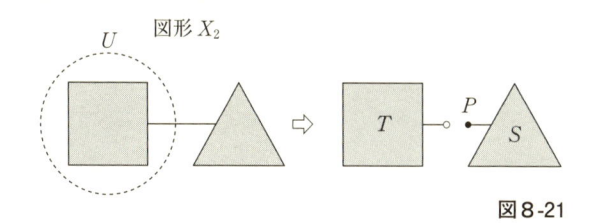

図形 X_2

図 8-21

このことは平面のどんな開集合 V を用意しても同じになることは、想像できるにちがいない。つまり、位相空間 X_2 は二つの空でない、交わりのない開集合の合併で表せないので、連結であることがわかった。

以上の例で理解できたと思うが、位相空間が連結とは、二つの図形に分離できないことであり、逆に、連結でないことは二つ以上の図形に分離できることを意味しているのである。ちなみに、連結のとき、0次元ホモロジー群が $\mathbb{Z}$ になることを第3章で説明した。

◆**連続写像を一般に定義する**

以上で、直線や平面や3次元空間でないような、特定の図形などの一般的な集合を位相空間に仕立てる方法が手に入ったので、一般的な集合の間の写像に対しても連続性を定義することができる。以下である。

---〈写像の連続性〉---
位相空間 X から位相空間 Y への写像 φ が連続であるとは、次が成り立つことである。すなわち、位相空間 Y の任意の開集合 U に対して、写像 φ で U の要素と対応する位相空間 X の要素をすべて集めて作った集合（$\varphi^{-1}(U)$ と記す）が、X において開集合となる。

要するに、Y の任意の開集合の写像 φ による引き戻しが X の開集合となるとき、写像 φ を連続というわ

第8章　空間でないものを空間とみなす

けなのだ。

とりわけ、写像 φ が X から Y への間の1対1対応になっていて、写像 φ も φ の逆写像 φ^{-1} も連続な場合、位相空間 X と Y は「**同相**」と呼ばれる。位相空間 X と Y が同相というのは、要するに、点と点が1対1に対応するだけに留まらず、遠近の構造まで同じ、ということを意味している。たとえば、図8-8において、写像 φ によって、二つの図形は同相となる。これは日常的にいうと、「デザインは異なるが、位相空間としては同一の、同じハンドバッグ形である」という意味となる。

ちなみに、位相空間 X から位相空間 Y への連続写像 φ が存在するとしよう。このとき、位相空間 X が連結なら、X の写像 φ による像 $\varphi(X)$(X の各点と写像 φ で対応する Y の点を集めた集合)も位相空間 Y のなかで連結な部分集合(位相空間)となる。実際、$\varphi(X)$ が、空でなく、交わらない二つの開集合 S と T の合併であるなら、開集合 S と T の写像 φ による引き戻しが、X に対する、空でない合併で X をつくる開集合となるからだ。つまり、連続写像では、「ひとつながり」という性質は保存されることになる。

実は、第3章で定義された n 次元ホモロジー群は、「同相」な図形に対しては、ぴったり同じ群になることが証明されている。この点から、ホモロジー群は「位相不変量」と呼ばれている。

◆素数を空間化させる

位相空間の「こころ」がわかったところで、最後に、もっとも変わった位相空間を紹介して、本書を締めくくることとしよう。それは、素数の集合を「位相空間化」させることである。

そのためには、整数の環 $\mathbb{Z}$ における素イデアルを利用する。$\mathbb{Z}$ における素イデアルは、素数の倍数のイデアル , (2) , (3) , (5) , …に、0 の倍数のイデアル (0) を加えたものであった。この素イデアルの空間を、spec $\mathbb{Z}$ という記号で書く。これは「スペックゼット」と発音する。

$$\text{spec } \mathbb{Z} = \{(0), (2), (3), (5), (7), (11) \cdots\}$$

この素イデアル全部から成る集合を位相空間に仕立てるのである。そのためには、206 ページの条件 (i) (ii) (iii) を満たす開集合たちを導入できればいい。それは次のものである。

$T_0 = \{(0)$ を部分集合にもたない素イデアルの全体$\}$
$T_1 = \{(1)$ を部分集合にもたない素イデアルの全体$\}$
$T_2 = \{(2)$ を部分集合にもたない素イデアルの全体$\}$
$T_3 = \{(3)$ を部分集合にもたない素イデアルの全体$\}$
$T_4 = \{(4)$ を部分集合にもたない素イデアルの全体$\}$
$\vdots$
$T_n = \{(n)$ を部分集合にもたない素イデアルの全体$\}$
$\vdots$

上記のいくつかを具体的に求めてみよう。

T_0 はイデアル (0)(これは 0 だけからなる集合)を

部分集合としてもたない素イデアルと定義されているが、すべてのイデアルは0を要素にもつので、このような素イデアルは存在しない。したがって、$T_0 = \phi$（空集合）となる。

T_1は、イデアル(1)(これは1の倍数だから、整数全体、すなわち$\mathbb{Z}$)を部分集合としてもたないと定義されているが、素イデアルはそもそも整数全体でないものと定義されているので、これはすべての素イデアルが該当する。つまり、T_1はspec $\mathbb{Z}$全体になる。

T_2は、イデアル(2)(これは偶数全体から成る集合)を部分集合にもたない素イデアルであるから、(2)を除いたすべての素イデアルとなる。

T_6は、イデアル(6)(これは6の倍数全体から成る集合)を部分集合としてもたない素イデアルと定義される。素イデアル(2)は6の倍数全体を部分集合としてもつし、素イデアル(3)も6の倍数全体を部分集合としてもっている。その他の素イデアルはそうではない。したがって、

$T_6 = \{$spec $\mathbb{Z}$から(2)と(3)を取り除いた集合$\}$

のようになる。一般には、

$T_n = \{n$の約数である素数について、その倍数のイデアルをすべて取り除いた残り$\}$

となる。

さて、このように定義された無限個の集合$T_0, T_1, T_2, T_3, \cdots T_n, \cdots$は、開集合の族の条件(i)、(ii)、(iii)をすべて満たしていることが証明できるので、これら

を開集合として導入することで、

$$(\text{spec } \mathbb{Z}; T_0, T_1, T_2, T_3, \cdots T_n, \cdots)$$

を位相空間とすることができるのである(図8-22)。このように導入された位相を「**ザリスキー位相**」と呼ぶ。ザリスキーは、この位相を考えついた20世紀アメリカの数学者の名前である。

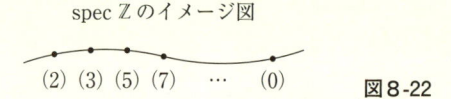

spec $\mathbb{Z}$ のイメージ図

(2) (3) (5) (7) ··· (0) **図8-22**

実際、(i)、(ii)、(iii)が成り立つことを確かめてみよう。(i)については、$T_0 = \phi$ と $T_1 = \text{spec } \mathbb{Z}$ から明らかである。

次に、(iii)を具体例で示そう。$T_6 = \{\text{spec } \mathbb{Z}$から(2)と(3)を取り除いた集合$\}$ であった。同じように、$T_{10} = \{\text{spec } \mathbb{Z}$から(2)と(5)を取り除いた集合$\}$ となる。すると、T_6 と T_{10} の共通部分は、$\{\text{spec } \mathbb{Z}$から(2)と(3)と(5)を取り除いた集合$\}$ となる。これは明らかに T_{60} である。同じように、T_n と T_m の共通部分は、T_{nm} であることがわかる。

最後に(ii)を示そう。無限個の $T_n, T_m, \cdots$ の合併集合はどうなるだろうか。これは、$n, m, \cdots$ すべての共通の約数となる素数 p に対し、素イデアル (p) を spec $\mathbb{Z}$ から取り除いた集合となる。これは、それらの素数 p 全部の積を k とすると T_k である。

これで、整数の環の素イデアルを集めた集合である spec $\mathbb{Z}$ が位相空間になった。つまり、遠近感の構造が導入された図形的な空間になった、ということである。空集合でない開集合はすべて共通の要素を持っている（交わる）ので、この位相空間は連結である（イメージは図8-22）。

　実は、どんな環 R でも、素イデアルの集合 spec R に対し、同じ定義の方法で位相を定義して位相空間に仕立てることが可能である。各イデアル I に対して、集合 $T(I)$ を

　$T(I) = \{$イデアル I を含まない素イデアルの全体$\}$

と定義すれば、これらの集合 $T(I)$ たちが開集合の条件 (i)、(ii)、(iii) を満たすからである。ただし、今の証明は、素数の性質をフルに使って証明したので、同じ方法ではこれは証明できない。もっと素イデアルの元々の定義に立ち返って証明しなければならない。これにはかなり込み入った準備が必要なので、(iii) の証明だけをお見せすることにしよう（他については、[1] または [13] を参照のこと）。

　イデアル I と J に対して、$T(I)$ と $T(J)$ の共通部分 $T(I) \cap T(J)$ が I と J の共通部分である集合 $I \cap J$ に対する $T(I \cap J)$ となることを証明する。

　まず、素イデアル P が $T(I \cap J)$ の要素であるとする。すなわち、P は $I \cap J$ を部分集合に含まない。すると、P は I の一部分である $I \cap J$ を含まないので、P は I を部分集合に含まない。同様に P は J も

部分集合に含まない。だから、P は $T(I)$ と $T(J)$ の共通の要素であり、$T(I) \cap T(J)$ の要素となる。次に、P を共通部分 $T(I) \cap T(J)$ の要素であるとする。P が $T(I)$ の要素であることから、P は I を部分集合としない。すなわち、I の要素 a で P の要素でないものがある。同様に J の要素 b で P の要素でないものが存在する。

このとき、積 ab を考えよう。イデアルの要素の倍数はやはり同じイデアルの要素と定義されているから、ab はイデアル I の要素でもありイデアル J の要素でもある。つまり、ab は $I \cap J$ の要素。ところが、a も b も P の要素ではないから、素イデアルの定義から ab は P の要素ではない。すなわち、P はイデアル $I \cap J$ を部分集合としない。よって、P は $T(I \cap J)$ の要素となる。以上によって、

$$T(I) \cap T(J) = T(I \cap J)$$

が示された。つまり、二つの開集合の共通部分も開集合になっている。

このように、環の素イデアル全体を位相空間に仕立てることができる。そして、それらを上手に貼り合わせて、さらに大きな位相空間に仕立てたものを「**スキーム**」と呼ぶ。スキームは、グロタンディークという20世紀のフランスの数学者によって考え出された画期的な数学的対象である。スキームの理論は、現代の数学を大きく進歩させる原動力となった。また、現在（2014年3月）も未解決のリーマン予想を解くための

有力な道具と期待されている（[1]参照）。このスキームを知るだけでも、数学者の見方がいかにファンタスティックで、創造的なものかを垣間見ることができたのでないか、と思う。

参考文献

[1] 黒川信重・小島寛之『21世紀の新しい数学』技術評論社
[2] 田村一郎『トポロジー』岩波全書
[3] 瀬山士郎『トポロジー:柔らかい幾何学』日本評論社
[4] 小島寛之『天才ガロアの発想力』技術評論社
[5] 草場公邦『ガロワと方程式』朝倉書店
[6] 中島匠一『代数方程式とガロア理論』共立出版
[7] 小島寛之『世界は2乗でできている』講談社ブルーバックス
[8] 黒川信重・小山信也『ABC予想入門』PHPサイエンス・ワールド新書
[9] 小島寛之『数学入門』ちくま新書
[10] 海老原円『14日間でわかる代数幾何事始』日本評論社
[11] 松坂和夫『集合・位相入門』岩波書店
[12] 一樂重雄『意味がわかる位相空間論』日本評論社
[13] 上野健爾『代数幾何』岩波書店
[14] J.ノイキルヒ『代数的整数論』足立恒雄・監修、梅垣敦紀・訳、丸善出版
[15] 小島寛之『無限を読みとく数学入門』角川ソフィア文庫

あとがき
数学の創り出す異世界の旅

　ぼくは、数学には二つの面があると思っています。第一は推理小説的な側面、第二はSF小説的な側面です。

　数学が推理小説的だというのは、パズラー（ナゾ解き）としての面があるからです。方程式を解き答えを見つける、あるいは、補助線を発見して図形の性質を証明する。これらは推理小説のナゾ解きと類似したステップになっています。しかし、数学が推理小説的というのは、主に学校数学・受験数学にしかあてはまりません。授業や受験で与えられる数学の問題は「あらかじめ答えを用意された問題」であり、そこには必ず何らかの「仕込み」「教育的な意図」があるのです。

　一方、最先端の数学、ホンモノの数学には「用意された答え」はありません。数学者たちは常に、「まだ見つかっていない答え」を求めて研究をしています。より正確に言うなら、「問題と答えを両方いっぺんに探し求めている」というべきでしょう。その際、数学者たちは、ナゾ解きをするのではなく、「新しい世界を創る」という作業をします。自分たちの認識世界を広げ、その広がった世界はどんな素性の空間で、そういう空間では数や関数はどんな振る舞いをするのか、それを突き止めるのが数学という営みなのです。これ

はまさに異世界を創り描く SF 小説と類似した作業と言えるでしょう。

 本書では、数学の SF 小説的な側面を紹介しました。そこには、イデアル、有限体、位相空間、スキームなどの異世界が広がっていました。読者の皆さんが、少しでも、現代数学という SF 的異世界の旅を楽しんでいただけたなら、ぼくの努力は報われます。

 本書のアイデアは、数学者の黒川信重先生と、対談によって二冊の本を作るプロセスの中で結実しました。黒川先生から数論を展開するスキームという空間の説明を受けているうち、こんな楽しくてステキなものをもっと多くの人に伝えたいと思うようになりました。黒川先生にお礼を申し上げます。

 本書は、PHP 研究所の水野寛さんに企画・編集していただきました。水野さんは、現代数学を正面から解説するという、新書にはあまり向かない企画を提案して下さいました。これは、水野さんが数学に造詣が深いからできた英断だったと思います。おかげでぼくは、自分が読者に広めたいと考えている内容を思う存分書くことができました。今回も志と勇気を持った編集者に出会えて幸運だったと思います。

　　2014年4月　　　　　　　　　　　　　　小島 寛之

索引

[AからZ]
abc 予想　137-9

[あ行]
アーベル　50
アーベル群　50
位相　194
位相空間　206
　　部分——　207
1対1写像　89
イデアル　23
　　極大——　26
　　素——　27
ヴェイユ, アンドレ　96
ヴェイユ, シモーヌ・ド　96

[か行]
開球　190
開区間　188
開集合　201,206
　　——の性質　203
外部 (の点)　192
可換環　15
可換群　50
数を構成する　140
可約　180
ガロア　44,95-6,121-3
関係性　87
関数　81
カントール　22,140,147,186
既約　180,182
逆写像　90
境界 (の点)　192,202

虚数単位 i　103
近隣 (関係)　197,200
グロタンディーク　216
群　94
合成写像　88
恒等写像　90

[さ行]
サイクル　55
　　0-——　55
　　1-——　64
　　1-境界——　66
阪口安吾　198
ザリスキー　213
ザリスキー位相　213
3元体　40
自己1対1写像　91
　　——φに関する不変性　109
射影平面　53
写像　81,85
　　——の連続性　210
集合　13
集合の理論　22
周辺　188
乗積表　92
スキーム　216
ストーサーズ　137
整数　11
整数の集合　13
整数論の基本定理　19
素数　17

[た行]
体 36
代数的集合 156,170
多項式 126
　　——の近さ 129
単数 16
チェビシェフ 18
チルンハウス 100
チルンハウス変形 100
連なり 188
デカルト 169
デデキント 22,140,147,186
デル・ファッロ 117
同一視 33
同相 210
トーラス 53

[な行]
内部（の点） 190,201
2元体 40

[は行]
倍数 15
バシェ 134
バシェの定理 134-5
バスカラ 100
ピタゴラス 147
ピタゴラスの定理 169
ヒルベルト 165
ヒルベルトの零点定理 166
フェルマー 18
フェルマー予想 137
フォンタナ 117
複素数 103
複素平面 155
双子素数 18
負の数 11
ブラマグプタ 99

不連続関数 197
分数 32
閉区間 188
閉集合 202
飽和方程式系 164
ホモロジー群 51
　　1次元—— 62
　　0次元—— 59

[ま行]
メビウスの帯 52
メルセンヌ 21
メルセンヌ素数 21
文字式 48
望月新一 139

[や行]
約数 15
　　自明な—— 17
有限体 40
有限の代数世界 36
有向線分 63
有理数 34
ユークリッド 19

[ら・わ行]
ラグランジュ 121
レヴィ＝ストロース 96
類 17
連結 59,208
連続関数 197
連続性 201
輪 62

小島寛之［こじま・ひろゆき］

1958年東京生まれ。東京大学理学部数学科卒業。同大学院経済学研究科博士課程修了。経済学博士。現在、帝京大学経済学部経済学科教授。数学エッセイストとしても活躍。
著書に『確率的発想法』『算数の発想』（以上、NHKブックス）、『文系のための数学教室』『数学でつまずくのはなぜか』（以上、講談社現代新書）、『数学入門』『使える！　確率的思考』『使える！　経済学の考え方』（以上、ちくま新書）、『数学的思考の技術』（ベスト新書）、『世界は2乗でできている』（講談社ブルーバックス）、『天才ガロアの発想力』（技術評論社）、『数学的決断の技術』（朝日新書）などがある。

数学は世界をこう見る
数と空間への現代的なアプローチ

PHP新書 927

二〇一四年五月二十九日　第一版第一刷

著者	小島寛之
発行者	小林成彦
発行所	株式会社PHP研究所

東京本部　〒102-8331　千代田区一番町21
　新書出版部　☎03-3239-6298（編集）
　普及一部　☎03-3239-6233（販売）

京都本部　〒601-8411　京都市南区西九条北ノ内町11

組版	朝日メディアインターナショナル株式会社
装幀者	芦澤泰偉＋児崎雅淑
印刷所 製本所	図書印刷株式会社

© Kojima Hiroyuki 2014 Printed in Japan
ISBN978-4-569-81870-2

落丁・乱丁本の場合は弊社制作管理部（☎03-3239-6226）へご連絡下さい。送料弊社負担にてお取り替えいたします。

PHP新書刊行にあたって

「繁栄を通じて平和と幸福を」(PEACE and HAPPINESS through PROSPERITY)の願いのもと、PHP研究所が創設されて今年で五十周年を迎えます。その歩みは、日本人が先の戦争を乗り越え、並々ならぬ努力を続けて、今日の繁栄を築き上げてきた軌跡に重なります。

しかし、平和で豊かな生活を手にした現在、多くの日本人は、自分が何のために生きているのか、どのように生きていきたいのかを、見失いつつあるように思われます。そして、その間にも、日本国内や世界のみならず地球規模での大きな変化が日々生起し、解決すべき問題となって私たちのもとに押し寄せてきます。

このような時代に人生の確かな価値を見出し、生きる喜びに満ちあふれた社会を実現するために、いま何が求められているのでしょうか。それは、先達が培ってきた知恵を紡ぎ直すこと、その上で自分たち一人一人がおかれた現実と進むべき未来について丹念に考えていくこと以外にはありません。

その営みは、単なる知識に終わらない深い思索へ、そしてよく生きるための哲学への旅でもあります。弊所が創設五十周年を迎えましたのを機に、PHP新書を創刊し、この新たな旅を読者と共に歩んでいきたいと思っています。多くの読者の共感と支援を心よりお願いいたします。

一九九六年十月

PHP研究所